Microsoft

チームズ フォー エデュケーション

Teams for Education すぐに始めるオンライン授業

清水理史& できるシリーズ編集部

インプレス

ご購入・ご利用の前に必ずお読みください

本書は、2021年2月現在の情報をもとに「Microsoft Teams for Education」の操作方法について解説しています。本書の発行後に「Microsoft Teams for Education」の機能や操作方法、画面などが変更された場合、本書の掲載内容通りに操作できなくなる可能性があります。本書発行後の情報については、弊社のWebページ（https://book.impress.co.jp/）などで可能な限りお知らせいたしますが、すべての情報の即時掲載ならびに、確実な解決をお約束することはできかねます。また本書の運用により生じる、直接的、または間接的な損害について、著者ならびに弊社では一切の責任を負いかねます。あらかじめご理解、ご了承ください。

本書で紹介している内容のご質問につきましては、巻末をご参照のうえ、お問い合わせフォームかメールにてお問い合わせください。電話やFAX等でのご質問には対応しておりません。また、本書の発行後に発生した利用手順やサービスの変更に関しては、お答えしかねる場合があることをご了承ください。

●用語の使い方

本文中では、「Microsoft® Windows® 10」のことを「Windows 10」または「Windows」、「Microsoft Teams®」のことを「Teams」と記述しています。また、本文中で使用している用語は、基本的に実際の画面に表示される名称に則っています。

●本書の前提

本書は、2021年2月現在の情報をもとに「Windows 10」がインストールされているパソコンで、インターネットに常時接続されている環境を前提に解説しています。また、認定教育機関としてOffice 365アカウントが発行されている状態を前提としております。

●本書の無料特典のご利用について

本書の無料特典はご購入者様向けのサービスとなります。図書館などの貸し出しサービスをご利用の場合は、「購入者特典無料電子版」はご利用できません。

まえがき

文部科学省のGIGAスクール構想のもと、多様な子どもたちを誰一人取り残すことなく、子どもたち一人一人に公正に個別最適化され、資質・能力を一層確実に育成できるICT教育の実現に向けた取り組みが教育現場で進められるようになってきました。教育現場へのパソコンの導入が進められ、学校全体で、どのように授業に活かしていくべきかが活発に議論されたり、試行錯誤しながら少しずつ授業でパソコンを活用する取り組みが行われたりしています。

このような状況の中、教員に求められるようになってきたのがITリテラシーやITスキルです。学校でパソコンやネットワーク環境が整備されたとしても、それを教員自身が使いこなせるようにならなければ、子どもたちに教えることはできません。

本書は、このような先生方の悩みを解消するために制作した書籍です。GIGAスクール構想で多く採用されているマイクロソフトの「Microsoft Teams for Education」を例に、オンライン教室をどのように開催すればいいのか？　生徒とどのようにコミュニケーションしたり、オンラインで取り組める課題を出したりすればいいのか？　といった具体的な活用方法を手順を追って詳しく解説しています。

先生だけでなく、生徒も同じ環境を使えるようにならないと意味がありませんので、第7章を生徒用として執筆したり、8章で実際に現場でTeams for Educationを使っている先生方の活用方法を掲載したりすることで、実践ですぐに使える書籍を目指しています。

本書を手に取ることで、少しでもGIGAスクール構想に対する不安をなくすことができ、パソコンを使った新しいICT教育を先生と生徒が一緒になって実現することができれば幸いです。

2021年2月

清水理史

できるシリーズの読み方

レッスン

見開き完結を基本に、やりたいことを簡潔に解説

やりたいことが見つけやすいレッスンタイトル

各レッスンには、「○○をするには」や「○○って何?」など、“やりたいこと”や“知りたいこと”がすぐに見つけられるタイトルが付いています。

機能名で引けるサブタイトル

「あの機能を使うにはどうするんだっけ?」そんなときに便利。機能名やサービス名などで調べやすくなっています。

キーワード

そのレッスンで覚えておきたい用語の一覧です。巻末の用語集の該当ページも掲載しているので、意味もすぐに調べられます。

レッスン 19

生徒のメッセージに返信するには

メッセージへの返信

生徒が投稿したメッセージに返信してみましょう。メッセージに対して返信することで、一連の会話として投稿された複数のメッセージがまとめて表示されます。

キーワード

チャネル	p.182
メッセージ	p.183

ショートカットキー

Shift + Enter ………改行する

HINT!

[新しい投稿] と [返信] を使い分けよう

[新しい投稿] は新しい話題を始めるときに使います。一方、[返信] はすでに開始されている話題 (すでに投稿されているメッセージ) に続けてメッセージを書き込みたいときに使います。

1 返信用の入力欄を表示する

生徒からメッセージが返信された

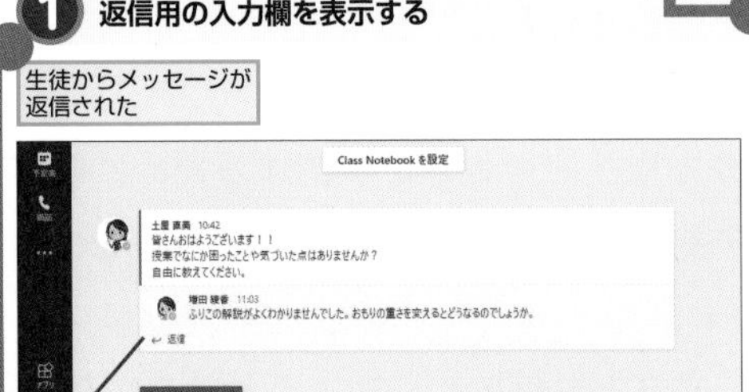

1 [返信]をクリック

メッセージの入力欄が表示された

左ページのつめでは、章タイトルでページを探せます。

第4章

テクニック **誰が[新しい投稿]を開始できるかを決められる**

標準設定では、チャネルのメンバーは誰でも [新しい投稿]から話題を開始することができます。ただし、授業用のチャネルでは、生徒に自由に新しい投稿を許可してしまうと、授業の連絡や大切なメッセージが埋もれてしまう可能性があります。特定のメンバー(先生やクラス委員、科目係など)だけが [新しい投稿] を開始でき、他の生徒は返信だけができるようにしたいときは、次のようにモデレーションをオンにして、新しい投稿ができるメンバーを追加しましょう。

管理したいチャネルを表示しておく

1 [その他のオプション]をクリック

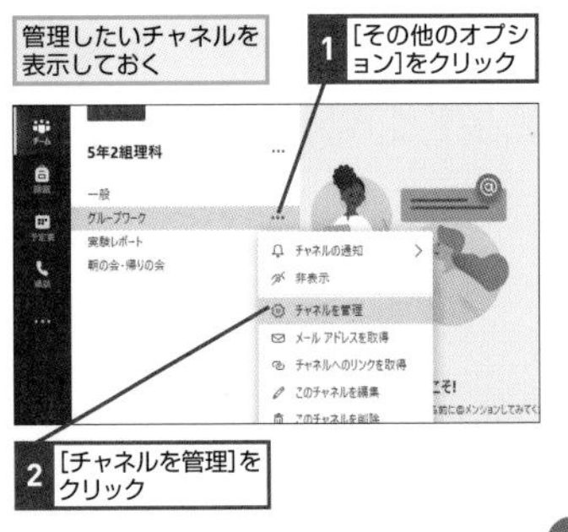

2 [チャネルを管理]をクリック

[チャネル設定]の画面が表示された

3 ここをクリックして[オン]に変更

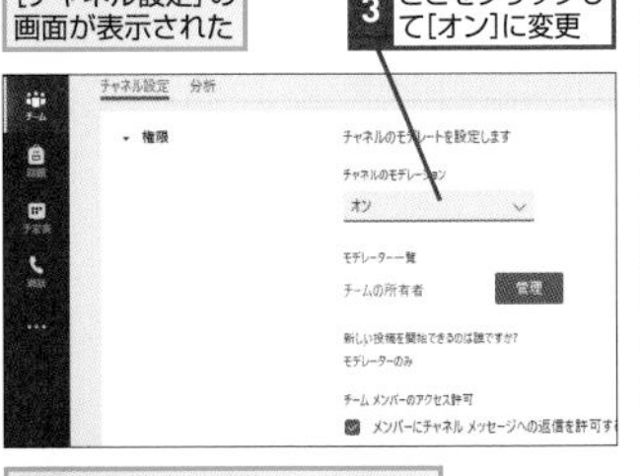

投稿は先生のみ可能に、生徒には返信の許可を与えることができる

手 順

必要な手順を、すべての画面とすべての操作を掲載して解説

手順見出し

「○○を表示する」など、1つの手順ごとに内容の見出しを付けています。番号順に読み進めてください。

解説

操作の前提や意味、操作結果に関して解説しています。

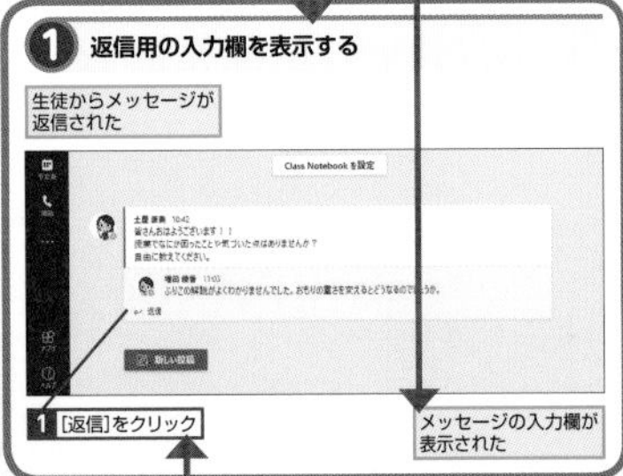

操作説明

「○○をクリック」など、それぞれの手順での実際の操作です。番号順に操作してください。

テクニック

レッスンの内容を応用した、ワンランク上の使いこなしワザを解説しています。身に付ければパソコンがより便利になります。

ショートカットキー

知っておくと何かと便利。キーボードを組み合わせて押すだけで、簡単に操作できます。

2 返信を送信する

1 返信内容を入力

2 [送信]をクリック

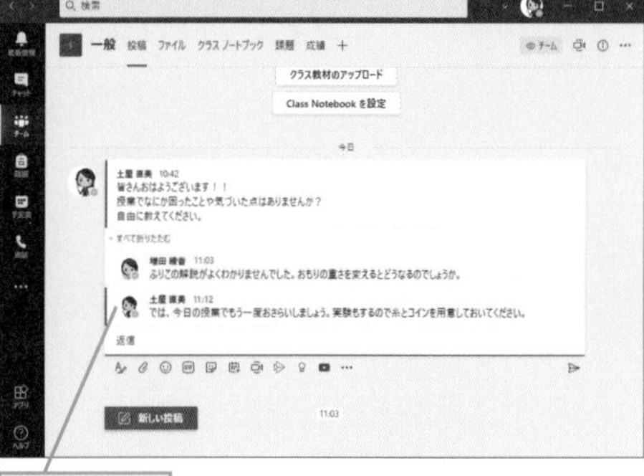

返信が送信された

HINT!

返信でも書式を設定できる

返信でも、メッセージ欄の下にあるアイコンを使った編集機能を利用できます。[書式] で文字サイズや色を変えたり、[絵文字] で絵文字を入力したりしてみましょう。

HINT!

返信もクラス全員に表示される

返信した内容も、クラス（チーム）のメンバー全員に表示されます。[投稿] はチーム（またはチャネル）の公の掲示版なので、それを意識して利用しましょう。なお、他のメンバーに見られることなく、特定のメンバーとのみメッセージをやり取りしたいときは [チャット] で生徒を指定してメッセージを送ります。

間違った場合は？

メッセージの入力途中で間違って Enter キーを押して送信してしまったときは、レッスン⑳を参考にメッセージを編集するか、続けて [返信] をクリックして続きを入力しましょう。

Point

慣れるまでは迅速かつ丁寧に返信しよう

最初のうちは、メッセージを投稿することは、生徒にとっても勇気のいる行為となります。このため、クラス全員が [投稿] の使い方に慣れるまでは、なるべく生徒が書き込んだメッセージに迅速かつ丁寧に返信することを心がけましょう。完全な回答をすぐにできない場合でも、とりあえず返信をしておくと生徒が不安なく使えるようになります。

右ページのつめでは、知りたい機能でページを探せます。

HINT!

レッスンに関連したさまざまな機能や、一歩進んだ使いこなしのテクニックなどを解説しています。

間違った場合は？

手順の画面と違うときには、まずここを見てください。操作を間違った場合の対処法を解説してあるので安心です。

Point

各レッスンの末尾で、レッスン内容や操作の要点を丁寧に解説。レッスンで解説している内容をより深く理解することで、確実に使いこなせるようになります。

※ここに掲載している紙面はイメージです。
実際のレッスンページとは異なります。

目　次

第3章　オンライン教室を作ろう　45

第4章　オンライン教室を活用しよう　59

第5章　オンライン授業を始めよう　71

第6章　Teamsをもっと授業に活用しよう　97

第7章　パソコンで授業に参加しよう　129

できるシリーズはますます進化中！

本書のW（ダブル）特典のご案内

©インプレス

内容を「検索できる！」無料電子版付き

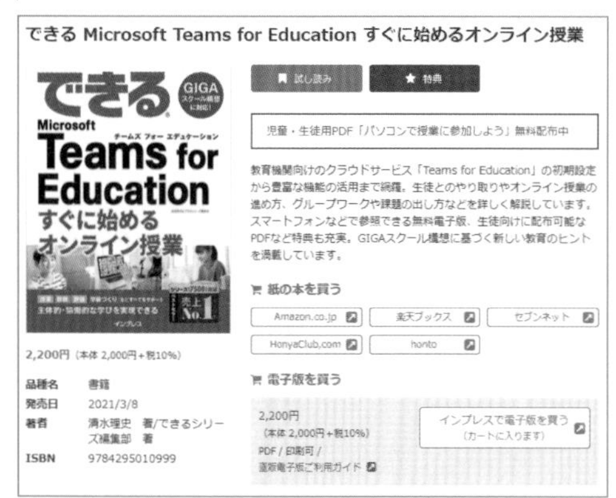

本書の購入特典として、気軽に持ち歩ける電子書籍版（PDF）をダウンロードできます。PDF閲覧ソフトを使えば、キーワードから知りたい情報をすぐに探せます。

書籍情報ページをチェック！
https://book.impress.co.jp/books/1120101048

1章分まるごと配布！生徒向け無料PDF

本書第7章「パソコンで授業に参加しよう」をPDF形式でダウンロードできます。Teams for Educationの設定方法やオンライン授業の受け方などが掲載されているので、生徒や保護者に配布してご活用ください。

今すぐダウンロード！
https://book.impress.co.jp/books/dekiru_teams4ed_ch7.pdf

第1章 Microsoft Teams for Educationとは

GIGAスクール構想の取り組みが加速する中、インターネットを通じたオンライン授業への注目が高まりつつあります。この章では、オンライン授業を手軽に実現できるマイクロソフトの「Teams for Education」の概要について解説します。

●この章の内容

レッスン 1

Teams for Education って何？

Teams for Education の基本

「Teams for Education」とは、どのようなアプリで、何ができるのでしょうか？ まずは、Teams for Educationの基本を知ることから始めましょう。

先生と生徒がつながるTeams for Education

「Teams for Education」は、マイクロソフトが提供する教育機関向けのクラウドサービスです。すでに企業向けに広く普及している「Teams」というアプリの機能を学校向けにカスタマイズすることで、先生と生徒（教職員や保護者などまでも）がオンラインでつながる教育の場を手軽に構築することができます。

具体的には、クラスや科目ごとに「チーム」を作ったり、テキストベースのメッセージで先生と生徒がコミュニケーションを取ったり、カメラやマイクを使ったビデオ会議の機能を使ってオンライン授業をしたり、課題や成績を管理したりと、授業にまつわる各種機能をTeams for Educationだけで実現できます。GIGAスクール構想に基づく新しい教育を実現するためのツールとして、すでにいろいろな教育機関で活用されています。

キーワード

GIGAスクール構想	p.179
Teamsアプリ	p.180
クラウドサービス	p.181
チーム	p.182

HINT!

Teamsとは

Teams for Educationの元になっているのは、一般企業向けに提供されている「Teams」というクラウドサービスになります。Teamsは、チャット、ビデオ会議、共同作業、タスク管理、スケジュール管理など、組織内外のコラボレーションを活性化するためのさまざまな機能が搭載されています。もともと業務効率化に適したツールとして人気がありましたが、リモートワークの普及で活用する企業が急速に増えてきました。

HINT!

クラウドサービスのメリットとは

Teams for Educationは、インターネット上の事業者が管理するサーバー上で動作するクラウドサービスとなります。このため、導入の際に学校に高価なサーバーを設置したり、ソフトウェアを導入して管理したりする必要はありません。また、インターネットに接続できる環境なら、どこからでもつながるうえ、どのデバイスでも動作するため、教職員はもちろんのこと、生徒が家庭から利用したり、保護者や外部講師との連絡に利用したりすることが簡単にできます。

さまざまな機能をつなぐ「ハブ」

オンライン授業には、さまざまなツールが必要です。たとえば、生徒とコミュニケーションを取るためのチャット、遠隔授業をするためのビデオ会議、情報共有や共同作業に必要なファイル共有やOfficeアプリなどが必要です。Teams for Educationは、こうしたオンライン授業に必要な機能がまとめて提供されるだけでなく、すべての機能をひとつのアプリ上でシームレスに使えるようになっています。ここを起点に、いろいろなサービスやアプリが自然につながる「ハブ」のような存在と言えるでしょう。

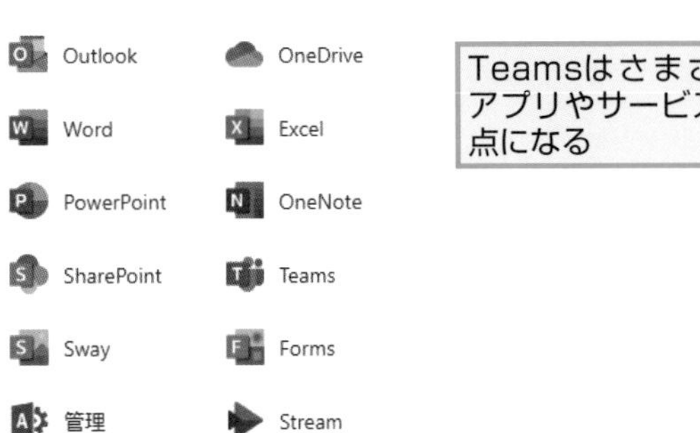

Teamsはさまざまなアプリやサービスの起点になる

HINT!

Microsoft 365とは

Microsoft 365は、マイクロソフトが提供するクラウドサービスです。WordやExcelなどアプリだけでなく、メールサービスのOutlook、ドキュメント共有のSharePoint、そしてコラボレーションツールのTeamsなど、さまざまなサービスをまとめて利用することができます。また、プランによってはデバイス管理機能や高度なセキュリティ対策機能なども利用できるようになっています。組織のICTの課題をまとめて解決し、DX（デジタルトランスフォーメーション）を推進する統合的なクラウドサービスとなっています。

Teams for Educationを利用するには

Teams for Educationは、「Microsoft 365 Education」または「Office 365 Education」という教育機関向けのクラウドサービスの一部として提供されています。このため、Teams for Educationを利用するには、これらのサービスを契約する必要があります。教育機関向けのICTサービスを提供する事業者に相談してみましょう。もちろん、GIGAスクールパッケージなどでPCと一緒に導入することもできます。

	Office 365 A1	Office 365 A3	Office 365 A5
教職員用	無料	¥350（税抜）ユーザー / 月相当（年間契約）	¥870（税抜）ユーザー / 月相当（年間契約）
生徒用	無料	¥270（税抜）ユーザー / 月相当（年間契約）	¥650（税抜）ユーザー / 月相当（年間契約）
特徴	Office 365 for the web でOutlook、Word、PowerPoint、Excel、OneNoteなどを利用可	A1の機能に加えOffice デスクトップアプリ、管理とセキュリティのツールを利用可	A3 の機能に加え、インテリジェント セキュリティ管理、分析のシステムなどを利用可

Point

Teams for Educationで新しい教育を始めよう

Teams for Educationは、インターネット上に仮想的な「クラス」を作ることができる画期的なツールです。急激な環境の変化によって登校が難しくなった場合などに活用できるのはもちろんのこと、普段の授業でも先生と生徒がオンラインでつながり、活発にコミュニケーションを取ったり、授業のフォローをしたり、オンラインで授業をしたり、課題や成績を管理したりできる場を提供します。GIGAスクール構想が加速する中、授業で積極的にICTツールを活用することが求められていますが、その第一歩をTeams for Educationで踏み出してみましょう。

レッスン 2

Teams for Educationの特徴を知ろう

Teams for Educationの特徴

Teams for Educationでは、どのような機能が使えるのでしょうか？　ここではTeams for Educationの特徴となる代表的な機能を紹介します。

Teams for Educationの概要

Teams for Educationでは、1つのウィンドウでいろいろなアプリが使え、最新情報の確認も簡単にできます。

チャット、課題などの最新情報が確認できる

画面各部の名称についてはレッスン⑪を参照

チャット

クラス単位などのグループでメッセージやファイルをやり取りしたり、直接生徒と会話したりできます。

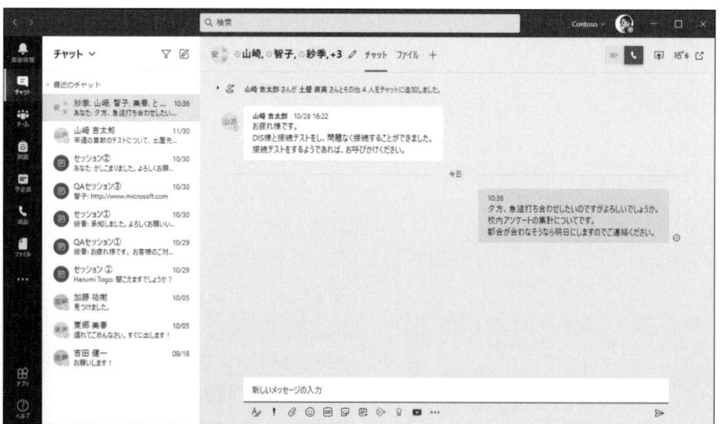

複数の相手とすぐにやり取りができる

キーワード

HINT! いろいろな環境で使える

Teams for Educationは、Windows、MacOS、Android、iOSなど、いろいろな環境向けのアプリが提供されてるため、端末を選ばずに利用できます。また、ブラウザーからも使えるので、アプリがインストールされていない環境でも利用可能です。

HINT! 「チャット」ってなに？

チャットは、文字のメッセージをオンラインでやり取りするコミュニケーションツールです。会話形式でメッセージを投稿できるので、メールよりも気軽に使えるうえ、リアルタイム性も高いのが特長です。

ビデオ会議

カメラによる映像とマイクによる音声でオンラインで授業ができます。また、教職員でリモート会議をしたり、保護者や外部講師と連絡を取ったりすることもできます。

ビデオ会議を開催して参加者を招待できる

課題/成績

クラスや単元ごとに課題を出したり、提出状況を管理したり、課題ごとの成績を集計したりできます。ルーブリックによる評価基準で到達度を測ることもできます。

課題の作成や提出状況の確認ができる

HINT!

「ビデオ会議」ってなに？

ビデオ会議は、インターネット経由で相手の映像を見ながら音声で会話ができる機能です。一対一はもちろんのこと、複数の人が一箇所に集まって会話ができるので、授業や会議などに利用できます。

HINT!

ルーブリックで学習到達度を明確にできる

Teams for Educationでは、［課題］の評価基準として「ルーブリック」を設定することができます。提出した課題の評価ポイント（資料の完成度や発表など）ごとに「たいへん良い」「良い」「程よい」「悪い」などの段階に応じた具体的な評価基準（たとえば「図やグラフを用いて、複数の視点から表を読み込み、自分の考えを明記している」など）を設定し、それぞれの点数を明確に決めることができます。学習到達度を測る基準として利用できるので、オンラインだけでなく、普段から授業を進める際に活用するといいでしょう。

ルーブリックの設定方法についてはレッスン㊳を参照

次のページに続く

予定表

学校の行事や授業の予定、オンライン授業（ビデオ会議）の予定を管理し、教員同士や生徒との間で共有することができます。

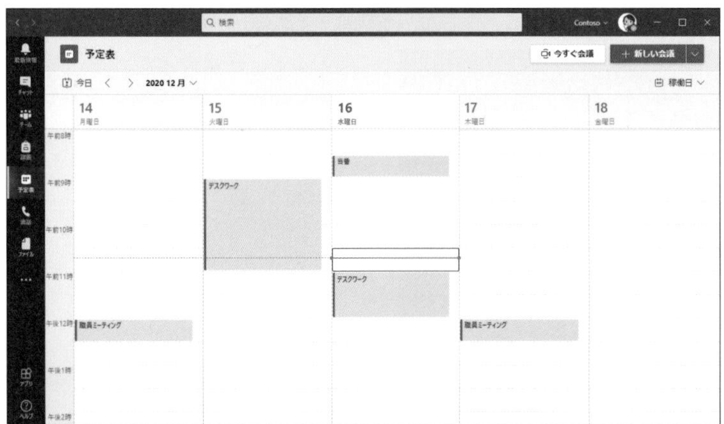

教員や生徒と予定を共有できる

HINT!

予定は「会議」や「課題」と連動する

予定表では、「会議」で設定した開催日や「課題」で設定した期限などが自動的に反映されるようになっています。このため、会議の予定や課題の期限を自分で入力して管理する必要はありません。Teams for Educationでは、このように機能同士が自然に連携することで、意識することなく、さまざまな情報を管理できるようになっています。

ファイル

授業や課題で利用する資料のファイルを共有できます。クラスなどのまとまりごとにファイルを共有することができます。

最近使ったファイルを一覧で表示できる

HINT!

いろいろなファイルを管理できる

「ファイル」もTeams for Educationのいろいろな機能と自然に連携する機能となっています。ファイルのアップロードやダウンロード、参照ができるだけでなく、チャットのメッセージと一緒に投稿したファイルを自動的に管理できたり、Teams for Educationと連携するSharePointのサイトのファイルも一緒に管理できたり、OneDriveなどのクラウドストレージサービスのファイルを参照したり、パソコンと同期することでエクスプローラーなどからコピーしたファイルを管理したりすることもできます。

Office アプリ

WordやExcel、PowerPointなどのOfficeアプリを利用できます。Teams for Education上でアプリが動作するため、操作が簡単で、インストール作業も不要です。

アプリ名	用途
Outlook	メールの送受信
Word	文書作成
Excel	表計算
PowerPoint	プレゼン資料作成
OneNote	デジタルノート

ビジネスにも使用されるアプリを活用できる

まだある便利なサービス

ここで紹介した以外にもさまざまなサービスを利用できます。たとえば、フォームを使ったアンケートや授業動画の共有などもできるようになっています。

アプリ名
Exchange
OneDrive
SharePoint
Teams
Sway
Forms

アプリ名
Stream
Flow
Power Apps
School Data Sync
Yammer

クラウドを活用した各種のサービスが使える

HINT! プランによって使えるアプリやサービスが変わる

利用できるOfficeアプリやサービスは、契約するプランによって変わります。たとえば、教育機関向けに無料で提供されているOffice 365 A1では Outlook、Word、Excel、PowerPoint、OneNoteが使えますが、有料版のOffice 365 A3やA5プランでは、これらに加えてPublisherやAccessも利用できます。また、有料プランではPowerBIなどの高度なサービスも利用可能です。

HINT! 既存のシステムや他社のサービスも統合できる

Teams for Educationでは、タブを使ってさまざまなサービスを統合できるようになっています。マイクロソフトが提供するサービスだけでなく、YouTubeやAdobe Creative Cloudなどの他社のサービスを追加したり、学校ですでに利用しているグループウェアなどのWebページを登録することもできます。すべての業務をTeams for Educationに統合することができます。

Point 教育機関向けの機能を追加

Microsoft 365 Education（Office 365 Education）には、非常にたくさんの機能が用意されています。中でもTeams for Educationは、単に機能が豊富なだけでなく、その機能が教育機関向けにしっかりとカスタマイズされています。チャットや会議などを授業に使えるだけでなく、課題や成績などの管理も簡単にできるので、導入後、すぐに授業に活用できるでしょう。

レッスン 3

Teams for Educationの活用事例を知ろう

Teams for Educationの活用

具体的にTeams for Educationをどのように授業に活用できるのかを見てみましょう。授業だけでなく、教職員の事務作業に活用することもできます。

オンライン授業

インターネットを介したオンライン授業ができます。生徒は自宅からパソコンを使ってオンライン授業に接続することで、いつも通り、先生の姿や黒板の映像を見ながら授業に参加できます。もちろん、生徒から質問したり、先生からの問いかけに生徒が回答したりと、オンラインでもインタラクティブな授業が可能です。

グループワーク

生徒をグループごとにわけたグループワークがオンラインで簡単にできます。Teams for Education上にグループごとの作業スペースを簡単に作れるので、生徒同士が自主的に相談したり、共同で発表資料を作り上げたりすることができます。もちろん、その様子を先生が確認して、適宜フォローすることもできます。

キーワード

オンライン授業	p.180
課題	p.180
グループワーク	p.181
ルーブリック	p.183

HINT!

授業を録画して共有できる

オンライン授業の内容は、録画してクラスで共有することもできます。映像や音声だけでなく、授業中のチャット内容、資料のファイルなども保管できるので、授業の履歴として管理できます。欠席した生徒が後から授業内容を参照することもできます。

HINT!

生徒が中心となった学習ができる

Teams for Educationでは、クラスの中に、グループごとの作業スペースを簡単に作成できます。これにより、グループワークなどで、個別に相談したり、発表資料を共同作成したりすることが簡単にできます。オンライン授業(ビデオ会議)のときに、グループごとに部屋を分けてオンラインで相談する場を設けることもできます。

課題の作成

科目や単元ごとに課題を作成し、生徒に割り当てることができます。取り組み方を詳細に記載したり、期限を決めたりできるのはもちろんのこと、ルーブリックを利用して評価基準を定め、到達度を測ったり、明確な基準で成績を決めたりすることもできます。作成した課題は生徒に自動的に通知されるので、生徒も迷わずに済みます。

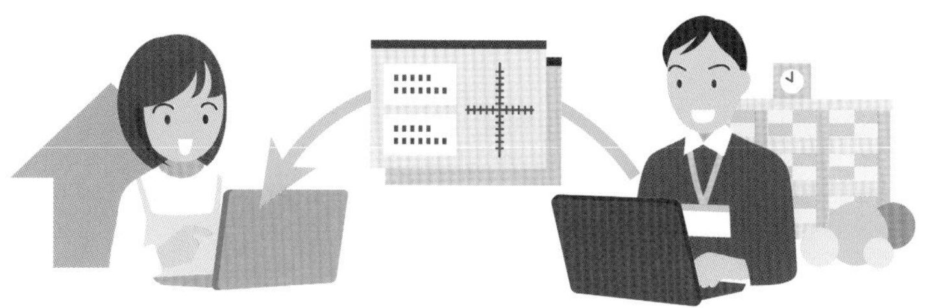

HINT!

習熟度別に課題を出すこともできる

Teams for Educationでは、課題ごとに割り当てるユーザーを個別に選択できます。このため、クラスを習熟度別に分けた授業などで、習熟度別の課題を作成して、分けて割り当てることもできます。

課題や成績の管理

作成した課題の一覧を表示したり、課題ごとに提出状況を確認したり、返却したかどうかを確認したりできます。もちろん、生徒の提出物に対してフィードバックを入力したり、ルーブリックに基づいて評価した点数を記入して生徒に返却したりすることもできます。過去の課題の点数を集計した成績管理もできます。

HINT!

課題をまとめて一元管理できる

Teams for Educationでは、情報をさまざまな角度でまとめて管理できます。たとえば、複数の学年やクラスを担当する専科の先生が、クラスごとに課題を管理できるだけでなく、すべての学年やクラスの課題をまとめて一覧表示することもできます。自分が対応しなければならない課題を一覧表示できるので、タスクとして確実に管理できます。

次のページに続く

生徒とのコミュニケーション

チャットを利用することで、生徒とメッセージをやり取りすることができます。クラス単位や科目単位で場所を変え、目的ごとにコミュニケーションをすることができるうえ、個人的なメッセージを個別の生徒に対して送ったり、生徒から直接先生宛のメッセージを受け取ったりすることもできます。

生徒と気軽に個別面談できる

オンラインでのコミュニケーションは、生徒とのコミュニケーションのハードルを下げる効果もあります。対面では相談しにくいことを生徒が伝えやすくなるので、個別面談などに活用するのもいいでしょう。

先生同士の情報共有

生徒だけでなく、先生同士のコミュニケーションにも活用できます。学校全体、学年ごと、教科ごとなどに話題を分けてチャットをしたり、資料を共有したりできます。生徒との間で授業を進めつつ、そのための準備も同時にTeams for Educationで進めることができます。

HINT!

情報共有の幅が広がる

Teams for Educationを学校全体でのコミュニケーション手段に利用すれば、普段、あまり交流がない先生とも気軽に会話をしたり、情報を共有したりできるようになります。また、外部の講師や他校の先生とオンラインでつながることもできるので、先生同士の横の繋がりを広げることもできます。

資料のペーパーレス化

Teams for Educationは、多くなりがちな配布物のペーパーレス化にも役立ちます。授業で使う副教材や資料などをWordやPowerPointの形式のまま生徒に配布することで、印刷物を減らすことができます。また、保護者宛への連絡や配布物などにもTeams for Educationを活用することができます。

校務の効率化

勤怠管理や経費精算など、教職員の業務にTeams for Educationを活用することもできます。また、欠席の連絡や各種申請など、生徒が学校に対してする事務手続きの一部にTeams for Educationを活用することも可能です。

HINT! 予定表と組み合わせて期日も自動管理できる

Teams for Educationでは、オンライン授業の日程や課題の期日を設定すると、その予定が自動的に予定表に登録されます。このため、予定を使って、学校の行事や授業の予定を管理しやすくなります。

HINT! 学校全体への連絡や情報の周知にも使える

Teams for Educationでは、クラス単位だけでなく、学年単位や学校全体を対象として情報を共有することもできます。このため、運動会の開催の可否や休校の連絡を全生徒宛に伝えたり、校長先生からのメッセージを全生徒に伝えたりすることもできます。

Point 活用次第で可能性が広がる

Teams for Educationは、さまざまな可能性を持っているツールです。オンライン授業やチャットだけでなく、課題や成績管理などにまで利用できるうえ、生徒だけでなく、先生同士、教職員、保護者、外部講師など、いろいろな人との間で利用できます。使い方を工夫すれば、先生の業務の多くをTeams for Educaiton上で実現することも不可能ではありません。新しいスタイルの授業を実現できるだけでなく、業務の効率化にも役立つので、ぜひ活用してみましょう。

この章のまとめ

オンラインで学びの機会を広げよう

社会的な情勢の変化により、予定通りに学校を運営することができないことも、珍しくない状況になりました。当初、オンラインでの授業は、こうした状況に対応するための緊急的な手段と考えられていましたが、現在では、オンラインを特別なものと考えず、そのメリットを活かして普段から活用しようという風潮が高まりつつあります。GIGAスクール構想の加速の影響も大きいと言えますが、この章で紹介したように、Teams for Educationのような豊富な機能を備えたツールを活用することで、生徒にも、先生にも、大きなメリットがある点が明らかになってきたことが大きいと言えます。Teams for Educationを使った新しいスタイルの授業を実現することで、生徒の学びの機会を広げることができるので、この機会に挑戦してみましょう。

パソコンを積極的に活用しよう

オンラインでの授業は先生と生徒のいずれにも大きなメリットがあるので、普段から取り入れよう

第2章 Teams for Educationを導入しよう

Teams for Educationを使って授業を実施するための準備をしましょう。この章では、必要な機材や環境を整えたり、授業をするための流れを確認したり、Teams for Educationの画面を確認したりする方法を紹介します。

●この章の内容

レッスン 4

Teams for Educationに必要なものを知ろう

Teams for Educationの準備

Teams for Educationを使って授業を実施するには、いくつかの準備が必要です。必要な機材をそろえ、Teams for Educationが使えるクラウドサービスを用意しましょう。

授業を円滑に進めるには

Teams for Educationの機能を活用するための機材をそろえましょう。パソコンには、遠隔授業用のカメラやマイク、スピーカーが必要です。内蔵されたノートパソコンを用意するか、外付けの製品を別途用意しましょう。黒板のように、パソコンの画面に手書きで文字や図を描きたいときはタッチパネルやペン入力に対応したパソコンがあるとより快適です。

◆ノートパソコン
カメラやマイクが搭載されていて軽量なものが望ましい。タッチパネル機能も搭載されていると便利

▼Microsoft Surface Go 2のWebページ
https://www.microsoft.com/ja-jp/biz/education/gigaschool-surface-go.aspx

◆Webカメラ
パソコンに接続して使うカメラ。ビデオ授業や会議の際に鮮明な画像を送信できる。手元を写したいときにも使いやすい

▼ロジクールC505 HDウェブカメラのWebページ
https://www.logicool.co.jp/ja-jp/products/webcams/c505-hd-webcam.960-001371.html

◆ヘッドセット
ヘッドホンにマイクが付いたもの。音声のやり取りがしやすく、雑音も入りにくい

▼バッファロー BSHSUH12BKのWebページ
https://www.buffalo.jp/product/detail/bshsuh12bk.html

キーワード

Microsoft 365 Education	p.179
Teamsアプリ	p.180
Webカメラ	p.180
クラウドサービス	p.181

HINT!

Webカメラを選ぶには

外付けのWebカメラは、テレワーク用などとして販売されているものを利用できます。一般的なUSBケーブルで接続する製品を用意しましょう。黒板などを写したいときは、広い範囲を撮影できる広角対応製品を選ぶといいでしょう。製品によっては、マイクやスピーカーを内蔵しているものもあります。

HINT!

環境をどう用意すればいいの？

Teams for Educationは、Microsoftのクラウドサービスとして提供されています。学校組織向けに提供されているGIGAスクール用のパッケージで導入した場合は、パッケージで用意されたMicrosoft 365 Educationの環境を利用しましょう。この場合、このページの手順は必要ありません。Microsoft 365の環境がない場合は、このページの手順で、教育機関用に無償で提供されている特別な環境でTeams for Educationを利用できます。

Office 365 を導入しよう

1 Office 365のWebページを表示する

Microsoft Edgeを起動しておく

▼Office 365 EducationのWebページ
https://www.microsoft.com/ja-JP/education/products/office

1 上記のURLに移動

2 学校のメールアドレスを入力

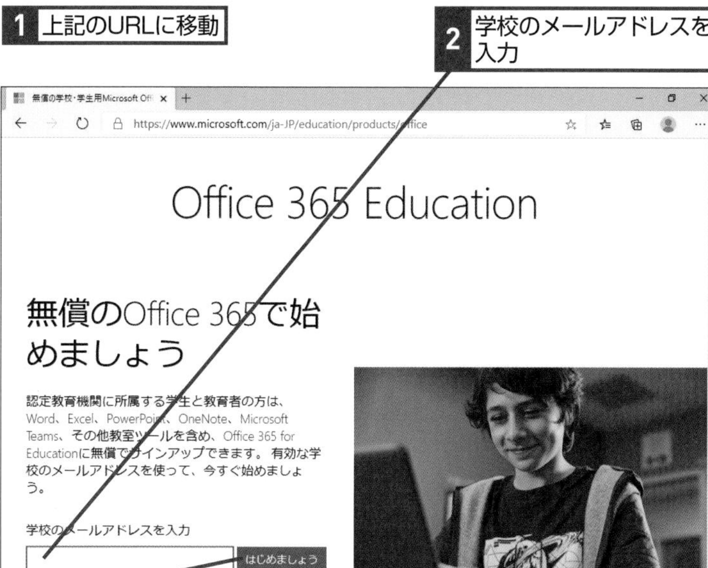

3 ［はじめましょう］をクリック

2 IDを検証する

IDを検証する画面が表示された

1 スマートフォンの番号を入力

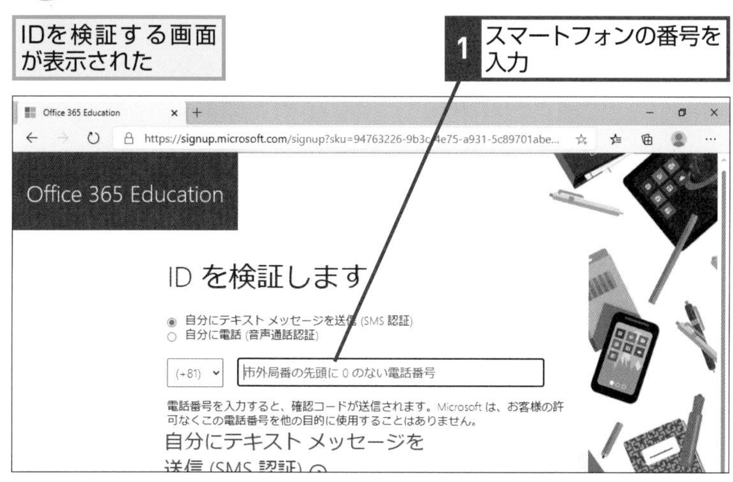

電話番号のメッセンジャーに確認コードが送られる

次の画面で確認コードを入力する

HINT! テナントが作成されていないときは

手順1で紹介しているページは、すでに学校のテナントが作成されている場合に、生徒や先生が学校のメールアドレスを使ってサインアップできるページです。テナントが作成されていない場合は、自身が所属している教育機関のIT管理者に問い合わせてテナントを作成してもらいましょう。

HINT! Microsoft 365を導入するには

ここで紹介している無償版のOffice 365 Educationは、Teams for Educationなどの一部の機能のみを利用できるサービスです。端末の管理機能など、すべての機能が必要な場合はMicrosoft 365 Educationの加入が必要です。GIGAスクール対応製品を扱っている業者に相談してみましょう。

Point ハードウェアとクラウド環境が必要

Teams for Educationを使った授業を始めるには、ハードウェアとクラウド環境が必要です。ハードウェアは次のレッスンでも詳しく説明しますが、パソコン、マイク、カメラなどが必要です。一方、クラウド環境はMicrosoft 365 EducationまたはOffice 365 Educationが必要です。まずは、無償版で機能を試し、その後、Microsoft 365 Educationで学校全体に本格導入するといいでしょう。

レッスン

5 授業に最適なパソコンを選ぼう

ハードウェアの選択

先生や生徒が使うパソコンを用意しましょう。今使っているパソコンを使うこともできますが、GIGAスクール構想に則した製品を用意するとより安心です。

パソコンの種類を知ろう

GIGAスクール向けのパソコンには、一般的なノートパソコンと同じ通常型、液晶部分を回転させてタブレットとして使えるコンバーチブル型、キーボードを取り外せるデタッチャブル型があります。それぞれの特徴を見てみましょう。

◆通常型
一般的なノートパソコンと同じ。GIGAスクール対応モデルの中には省電力で頑丈なものがラインアップされている

◆コンバーチブル型
液晶画面を360度開いて2つ折りにし、タブレットのように使える。画面の天地は自動的に切り替わる

◆デタッチャブル型
キーボードを本体から外して、タブレットのように使える。用途に応じて本体を軽量化できる

キーワード

CPU	p.179
アウトカメラ	p.180
コンバーチブル型	p.181
デタッチャブル型	p.182

HINT!

GIGAスクールモデルはいろいろある

GIGAスクール向けのパソコンは、いろいろなメーカーから、いろいろなモデルが発売されています。丈夫さを特徴とした製品や持ち運びやすさを特徴とした製品など、いろいろなモデルがあるので以下のページなどで製品を確認してみましょう。

▼GIGAスクール対応PC一覧
https://www.microsoft.com/ja-jp/biz/education/gigaschool-pc.aspx

HINT!

スペックは控えめだが授業には十分

GIGAスクール対応パソコンは、文部科学省が想定した授業で快適に使えるように設計されています。スペックは控えめですが、実際の授業では快適に利用できます。

テクニック 問い合わせ窓口を利用しよう

学校全体でGIGAスクール対応パソコンの導入を検討している場合は、以下の問い合わせ窓口も活用しましょう。何からはじめればいいのかがわからない場合の相談ができたり、事前に試す際の手順などを相談したりできます。

▼マイクロソフト GIGA スクールパッケージのWebページ
https://www.microsoft.com/ja-jp/biz/education/gigaschool-contact.aspx

パソコン選びのポイント

生徒が毎日使ったり、課外授業などでも使ったりすることを考えると、パソコンは持ち運びが便利で、丈夫な製品が適しています。また、観察や見学時に活用できるカメラを搭載していたり、低学年でも直感的な操作ができるタッチ操作に対応した製品を選ぶといいでしょう。このほか、長時間の使用に耐えるバッテリー性能も重要です。

HINT! 保管方法やWi-Fi環境も考慮しよう

学校で一括してパソコンを導入するときは、どこに保管し、どうやって充電するかなどなどの検討も必要です。また、通信のためのWi-Fi環境の整備などもあらかじめ済ませておきましょう。

◆アウトカメラ搭載
撮影用のカメラが搭載されており、観察学習などに使える

◆タッチパネル対応
指で直接操作でき、線などを描画できる

◆小型軽量、堅牢
子どもが持てる大きさ、重さでかつ、頑丈に作られている

◆長持ちバッテリー
授業を連続して行ってもバッテリーが十分にもつ

Point Windows搭載モデルがおすすめ

GIGAスクール対応パソコンを選ぶときは、Windows搭載モデルがおすすめです。豊富なラインナップから製品を選べるうえ、すでに多くの導入実績があり安心して使えます。WordやExcelなど先生が使い慣れた環境をそのまま使えるだけでなく、生徒が社会に出てから実際に使う機会が多い環境に早くから慣れることができるのもメリットです。Microsoft 365 Educationとの組み合わせで展開や管理も楽にできるため導入も苦労しません。

レッスン 6

Teams for Education の動作環境を確認しよう

Teams for Educationの動作環境

Teams for Educationを使うための環境を確認しましょう。Windowsはもちろんのこと、スマートフォンやタブレットでも利用できます。

Windows 10でTeams を使うには

◆[Teams]アプリ

専用のアプリなので操作項目が見やすい

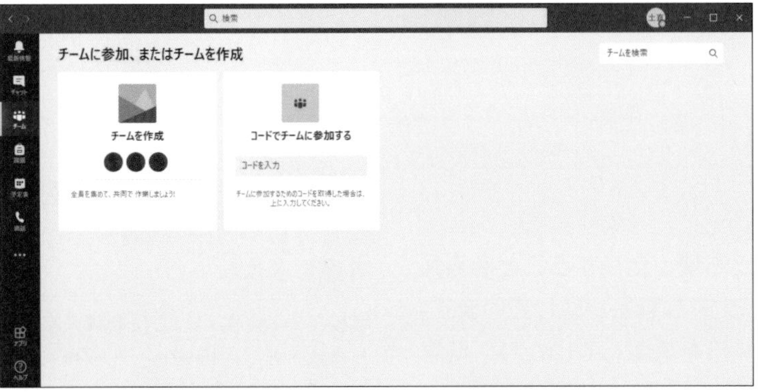

Windowsでは、アプリとブラウザーの2種類の環境で利用できます。通常は専用のアプリを使うのがおすすめです。すべての機能が使えるうえ、操作も快適です。

◆Web版

ブラウザーが使えればどんな端末でも利用できる

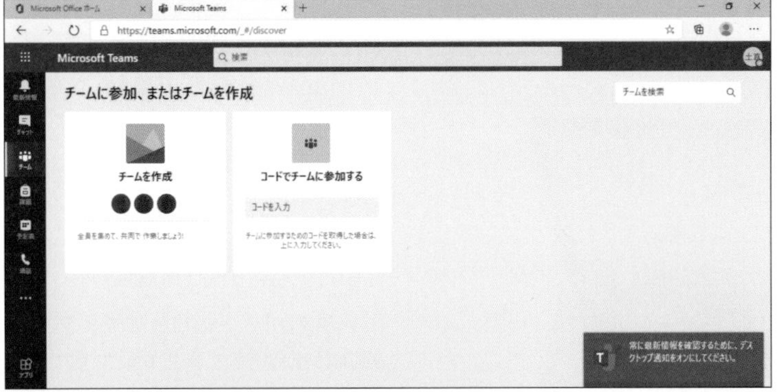

ブラウザーを利用することで、アプリがインストールされていない環境でもTeams for Educationを利用できます。ビデオ通話の背景変更など一部の機能が制限されます。

キーワード

CPU	p.179
Google Chrome	p.179
Microsoft Edge	p.179
Teamsアプリ	p.180

HINT!

アプリの動作要件を確認しよう

Teams for Educationは、以下のように、あまり高性能なパソコンでなくても利用できます。GIGAスクール対応パソコンであれば問題なく利用可能です。

●動作要件

CPU：1.6GHz、2コア以上
メモリ：4GB以上
デバイス：カメラ、マイク、スピーカー

HINT!

フル機能を利用できるのはEdgeとChrome

Teams for Educationをブラウザーから利用する場合は、利用するブラウザーに注意が必要です。Microsoft EdgeとGoogle Chromeではすべての機能が完全にサポートされますが、それ以外のブラウザーではビデオ通話など一部の機能が利用できない場合があります。

パソコン以外でTeamsを使うには

◆スマホ用アプリ

スマートフォン用のアプリを利用すれば、パソコンがない環境でもTeams for Educationを使えます。移動中などの利用に活用しましょう。いろいろな通知をすぐに確認できるうえ、スマートフォンのカメラを使ってビデオ会議に参加することもできます。

出先などで簡単なやり取りができる

◆タブレット用アプリ

スマホ用アプリと同じように使える

Teams for Educationにはタブレット用のアプリもあります。生徒がタブレットを利用している環境などで活用するといいでしょう。

HINT! スマートフォンやタブレットのサポートOSに注意

スマートフォンやタブレット向けのTeams for Educationアプリは、サポートされるOSのバージョンが限られています。Android搭載機は最新の4つのメジャーバージョン、iOS搭載端末は最新の2つのメジャーバージョンのみがサポートされます。基本的には最新バージョンに更新した状態で利用しましょう。

HINT! タブレットのブラウザーからも利用できる

タブレット端末では、ブラウザーを使ってWeb版のTeams for Educationを利用することもできます。ただし、利用するブラウザーによっては、ビデオ通話などの一部の機能が制限されるので、アプリの利用をおすすめします。

Point 環境によって使い分けられる

Teams for Educationは、いろいろなプラットフォームで動作します。教室ではパソコンで、課外授業ではタブレットでと使い分けたり、生徒が自宅のパソコンのブラウザーやタブレットを使って授業に参加することもできます。いろいろな環境で使えるようにすることで、貴重な学習の機会を失うことを避けられるでしょう。

レッスン

7 Teams for Education の導入方法を確認しよう

Teams for Educationの導入方法

Teams for Educationを使った授業をどのように実現すればいいのかを見てみましょう。先生、生徒、保護者の視点でやるべきことを整理します。

先生がやること

先生は、Teams for Educationを使った授業をするための環境を事前に準備しておく必要があります。あらかじめ担当するクラスや授業ごとの「チーム」を作成し、そこで授業を進めます。

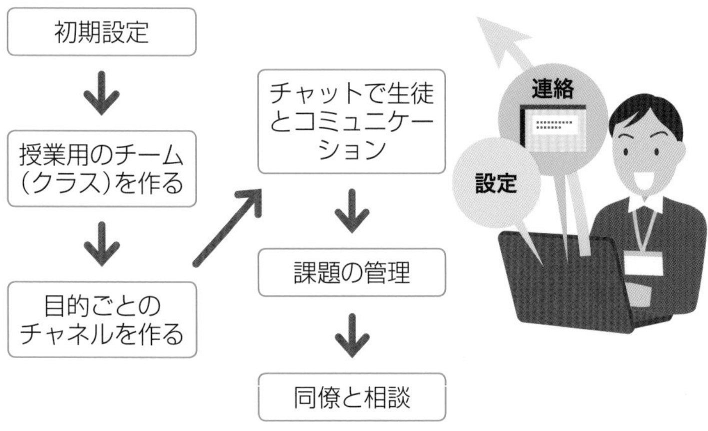

生徒がやること

生徒は、Teams for Educationにサインインするだけで、自分のクラスに参加できます。事前の準備は必要なく、すぐにコミュニケーションを取ったり、課題に取り組んだりできます。

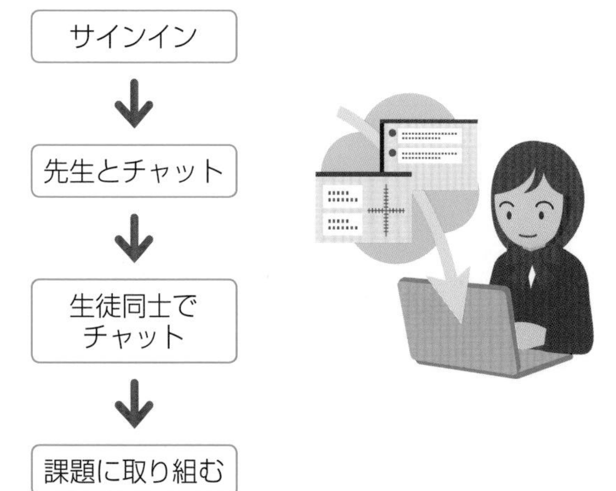

キーワード

アカウント	p.180
チーム	p.182
チャネル	p.182
ファミリグループ	p.182

HINT!

チームやチャネルってなに？

「チーム」や「チャネル」は、Teams for Educationを使う上で欠かせない考え方です。Teams for Educationでは、同じ目的で作業をするユーザーを「チーム」としてまとめて管理し、そのチームでやるべきことを「チャネル」として管理するしくみになっています。学校で例えると、チームが授業用のクラス、チャネルが授業の中でやるべきこと（単元やグループワークなど）に相当します。

HINT!

アカウントも必要

アカウントは、Teams for EducationなどのMicrosoft 365 Educationのサービスを利用するためのユーザー情報です。Teams for Educationを利用するには、事前に先生や生徒ごとのアカウントをMicrosoft 365 Educationの管理センターから登録しておく必要があります。学校内でMicrosoft 365 Educationを管理する担当者が登録するか（付録1参照）、GIGAスクール導入パッケージなどを利用してパソコン導入時に一括してアカウントも登録します。

テクニック ファミリグループを活用しよう

Windows 10には、不適切なWebサイトに子どもがアクセスするのを防いだり、利用時間を保護者が制限したりできる「ファミリグループ」という機能が搭載されています。子ども用のパソコンを購入したり、家庭のパソコンに子どものアカウントを追加して共有したりする場合は、同時に「ファミリグループ」を有効にし、適切に管理できるようにしておくと安心です。ファミリグループの使い方については付録2を参照してください。

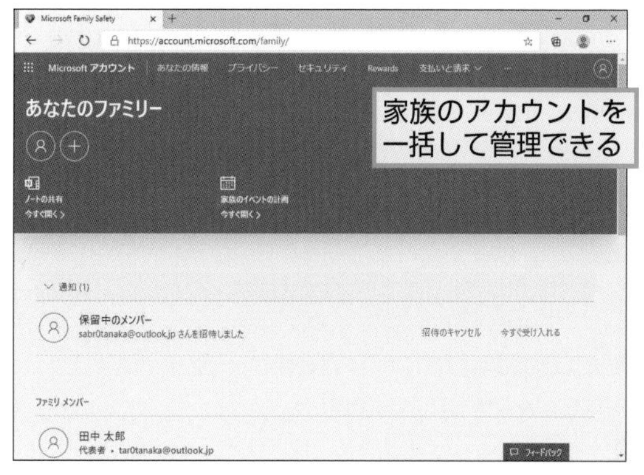

保護者がやること

保護者は、家庭で子どもがTeams for Educationを使うための環境を整えます。子ども専用のパソコンを用意したり、Wi-Fi環境を整備しましょう。家族のパソコンを子どもも使えるようにしたい場合は、子ども用のアカウントを追加しておくなどの準備も必要です。

HINT! 家庭学習時は家族で共有しているパソコンも使える

Teams for Educationは、クラウドサービスとなるため、学校で管理しているパソコンだけでなく、生徒が家庭で利用しているパソコンやタブレットからも利用できます。家庭学習や緊急時の遠隔授業などにも活用しましょう。家庭に子ども専用のパソコンがない場合でも、家族のパソコンに子ども用のアカウントを追加することで、1台のパソコンを保護者と子どもで安全に共有できます。

Point 授業の準備を整えよう

Teams for Educationを利用するには、事前にいくつかの準備が必要です。特に先生は、クラスに相当する「チーム」や目的ごとの「チャネル」を作る必要があります。この作業を忘れると、オンラインで生徒とコミュニケーションをしたり、オンライン授業を進めるのが難しくなるので、忘れずに作業しましょう。具体的な操作方法は3章で解説します。

レッスン
8
Teams for Educationを開くには

サインイン

Teams for Educationを使ってみましょう。まずは、ブラウザーを使ってWeb版にサインインします。自分のアカウントを入力してサインインしましょう。

1 Microsoft Officeにサインインする

Microsoft Edgeを起動しておく

▼Microsoft OfficeのWebページ
https://www.office.com/

1 上記のURLを入力

2 [サインイン]をクリック

環境によってはサインイン画面が表示されずに、手順2の画面が直接表示される

[サインイン]画面が表示された

3 Office 365アカウントを入力

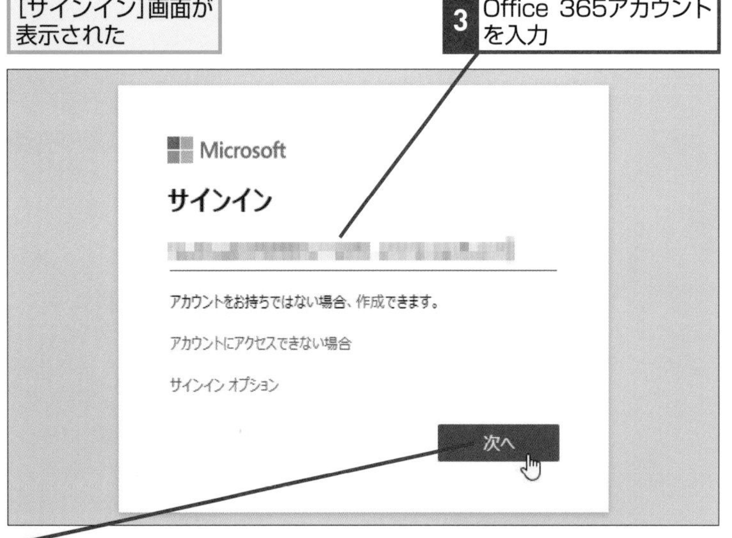

4 [次へ]をクリック

パスワードを入力する画面が表示されるのでパスワードを入力する

キーワード

HINT!

アカウントは管理者に確認

Teams for Educationを利用するには、学校で管理しているOffice 365アカウントが必要です。自分のアカウントがわからないときは、Microsoft 365 Educationを管理している担当者に確認しましょう。

HINT!

共有パソコンの場合はパスワードを保存しない

複数人で1台のパソコンを共有している場合や、外出先などで第三者から借りたパソコンを使ってサインインしたりする場合は、サインイン時にパスワードを記憶させないように注意しましょう。履歴なども残したくないときは、「InPrivate」ウィンドウを開いてTeams for Educationにアクセスすることをおすすめします。

2 TeamsのWebページを表示する

[MicrosoftOfficeホーム]の画面が表示された

1 [Teams]をクリック

[Microsoft Teams]の画面が表示された

2 [代わりにWebアプリを使用]をクリック

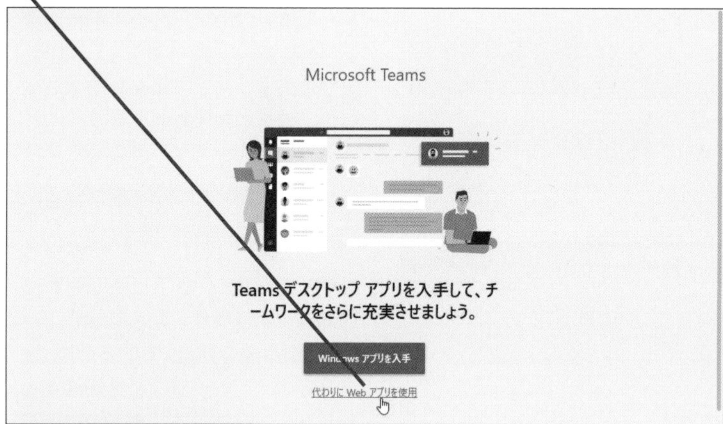

Teamsの初期画面が表示された

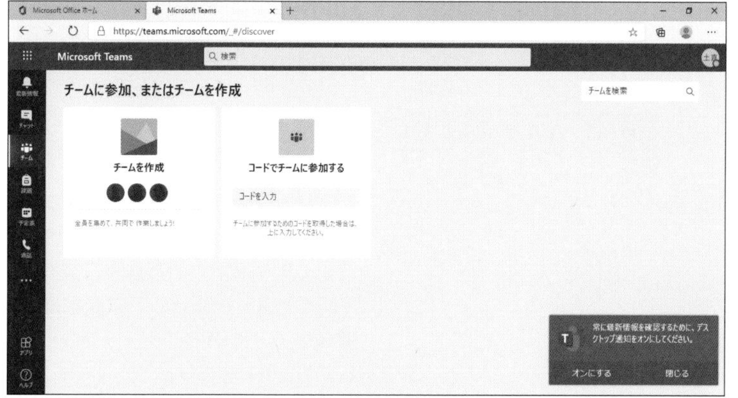

HINT! Microsoft Office ホーム画面ってなに？

手順2で表示されるホーム画面（Office 365ポータル画面）は、Microsoft 365 Educationで提供されている各種機能にアクセスするための画面です。ここではTeams for Educationにアクセスしましたが、WordやExcelをオンラインで使ったり、ドキュメント管理のためのSharePointなどを利用することもできます。

HINT! アプリを先にダウンロードしたときは

手順2で［Windowsアプリを入手］をクリックしてしまったときは、ダウンロード画面が表示され、アプリがダウンロードされます。ダウンロードされたアプリはそのままにして、画面上に再び表示された［代わりにWebアプリを使用］をもう一度クリックしましょう。

Point ブラウザーでアクセスしてみよう

環境によっては、パソコンに最初からTeams for Educationのアプリがインストールされている場合もありますが、通常、最初はブラウザーを使ってTeams for Educationにアクセスします。自分に割り当てられているOffice 365アカウントを使ってサインインしましょう。手順2の画面で［代わりにWebアプリを使用］をクリックすることで、ブラウザー上でTeams for Educationを利用できます。

レッスン 9

Teams for Educationをインストールするには

インストール

Teams for Educationのアプリをインストールしましょう。アプリを利用することで、通知やビデオ会議の背景など、より快適にTeams for Educationを使えます。

1 アプリをダウンロードする

レッスン❽を参考にTeamsの初期画面を表示しておく

1 ここをクリック

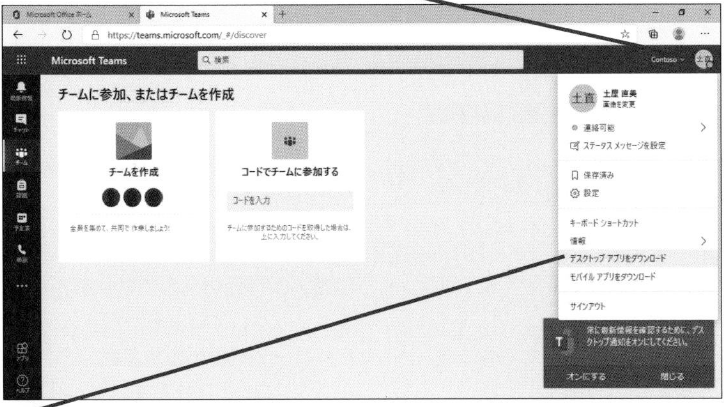

2 [デスクトップアプリをダウンロード]をクリック

アプリがダウンロードされる

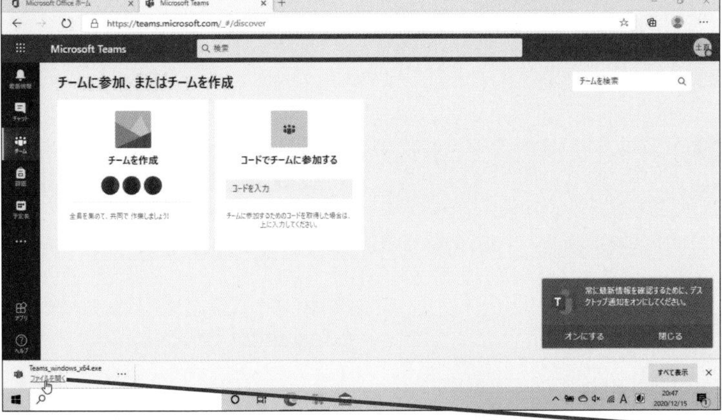

アプリのダウンロードが終了した

3 [ファイルを開く] をクリック

キーワード

InPrivate	p.179
Microsoft Edge	p.179

HINT!

自動的にインストールされていることもある

Microsoft 365 Educationの管理機能を使って、パソコンに自動的にTeams for Educationをインストールすることもできます。学校の管理者がこの機能を有効にしている場合は、Teams for Educationがインストール済みなので、この手順は必要ありません。なお、環境によっては、アプリのインストールが許可されていない場合もあります。

HINT!

右下の通知は閉じておく

手順1の画面で、右下に表示される通知は、ブラウザーからTeams for Educationを利用しているときに、自分宛のメッセージなどを通知するかどうかの設定です。本書では、基本的にアプリを利用しますので、[閉じる] をクリックして閉じておいてかまいません。

HINT!

ダウンロードの際に表示されるメッセージも閉じておく

アプリをダウンロードすると、ブラウザーの下にダウンロードされたファイルが表示されるようになります。インストール後、この表示は不要なので、右端の [×] をクリックして閉じておきましょう。

2 Teamsにサインインする

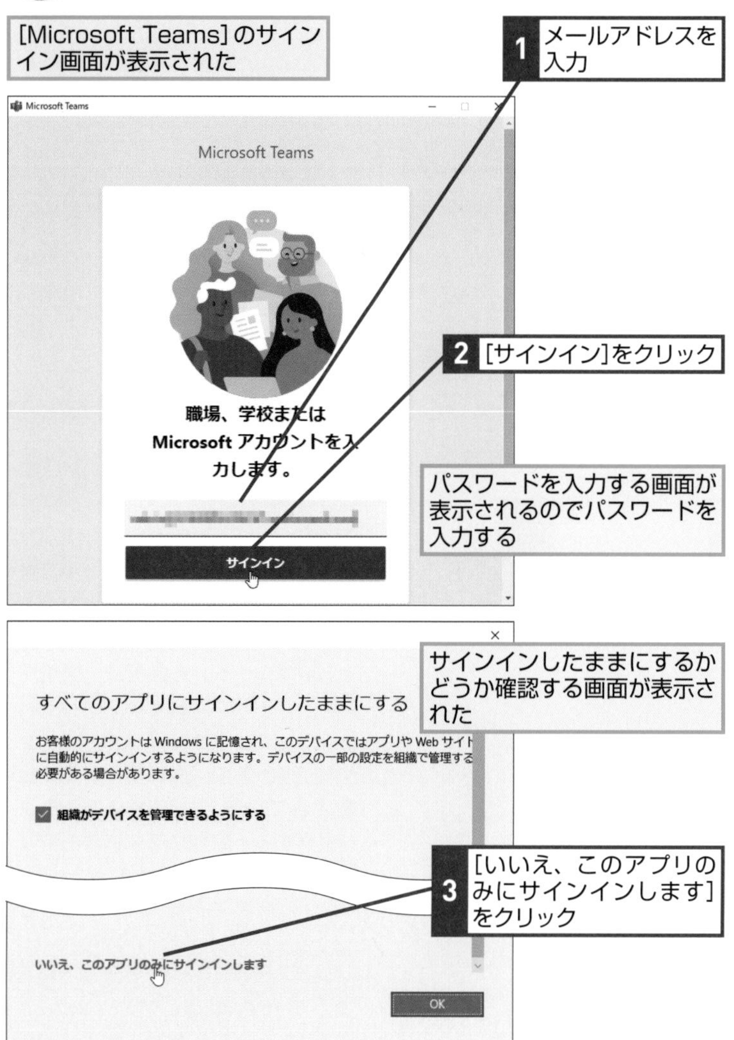

3 Teamsのアプリを起動する

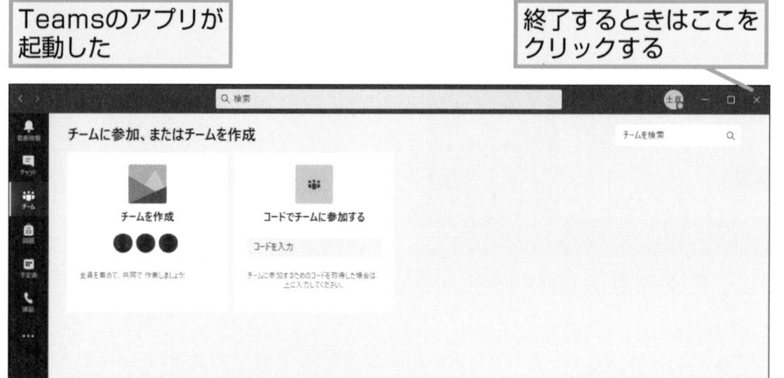

HINT! アプリが起動したらブラウザーを閉じる

アプリをインストールし、アカウントを設定したら、以後、ブラウザーを使ってTeams for Educationにアクセスする必要はありません。次回以降は、スタートメニューからTeams for Educationを起動して利用しましょう。

HINT! ［すべてのアプリにサインインしたままにする］は管理者と相談

手順2の2番目の画面が表示されたときは注意が必要です。学校全体でパソコンを管理する必要がある場合は、この画面で［OK］をクリックする必要があります。どの設定にするかは環境によって異なりますので、必ず学校全体の管理者に相談してください。なお、Windowsに学校のアカウントでサインインしている場合などは、この画面が表示されないこともあります。

Point 環境によって操作が変わる

ここでは、教育機関向けに提供されている無料のOffice 365アカウントを使ってTeams for Educationをインストールする方法を紹介しています。学校全体で管理されたパソコンを利用する場合は、そもそもインストールが不要だったり、若干、操作が変わることがありますので、環境に合わせて操作しましょう。よくわからないときは、管理者に問い合わせてからインストールするのが確実です。

レッスン

10 スマホやタブレットで使えるようにするには

スマホ用アプリ

スマートフォンやタブレットでTeams for Educationを使えるようにしましょう。Google PlayやApp Storeからアプリをインストールできます。

1 QRコードを表示する

レッスン❽を参考にTeamsの初期画面を表示しておく

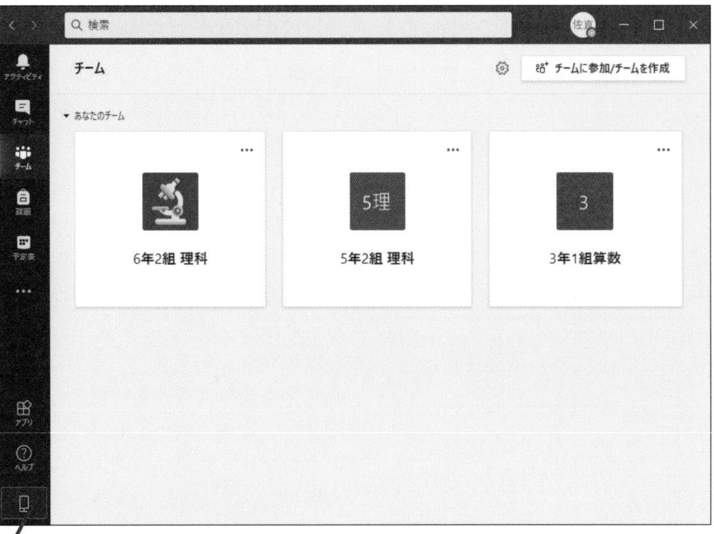

1 ［モバイルアプリをダウンロード］をクリック

QRコードが表示された

2 インストールしたいスマホでQRコードを読み取る

ここではAndroid スマホの画面で手順を紹介する

キーワード

Teamsアプリ	p.180
アカウント	p.180
ストア	p.181
タブレット	p.182

HINT!

メールからインストールできる

Teams for Educationから、アプリのダウンロードリンクをメールで送信することもできます。右上のユーザーアイコンから［モバイルアプリをダウンロード］を選択肢、送信先のメールアドレスを入力して［送信］をクリックします。スマートフォンやタブレットで、届いたメールに記載されているアプリのリンクをクリックすると同様にストアからアプリをダウンロードできます。

HINT!

ストアから検索してインストールしてもいい

アプリは、各スマートフォン向けのストアアプリからインストールすることもできます。Google PlayやApp Storeのアプリで「Teams」などで検索しましょう。

間違った場合は？

QRコードを読み取れない場合は、HINT!を参考にストアで検索してアプリをインストールしましょう。

② スマホ用アプリをダウンロードする

[Google Play]の画面が表示された

1 [インストール]をクリック

アプリがダウンロードされ、インストールされる

アプリがインストールされた

2 [開く]をクリック

HINT!

Wi-Fiでダウンロードする

アプリをダウンロードするときは、スマートフォンやタブレットがWi-Fiに接続されていることを確認しましょう。Wi-Fiに接続されていない状態でダウンロードすると、通信量を多く消費してしまうことがあります。

HINT!

iPhoneを使っている場合は

iPhoneを使っている場合は、［App Store］からアプリをダウンロードします。同様に画面のQRコードを読み取るか、メールで送信されたリンクをクリックするか、App Storeを起動してアプリを検索するか、いずれかの方法でTeamsアプリをインストールしましょう。

HINT!

学校で管理している端末の場合は

学校で管理しているスマートフォンやタブレットを利用している場合は、Microsoft 365 Educationのデバイス管理機能を使って端末に自動的にアプリを配信することもできます。詳しくは管理者に相談してください。

次のページに続く

3 サインインする

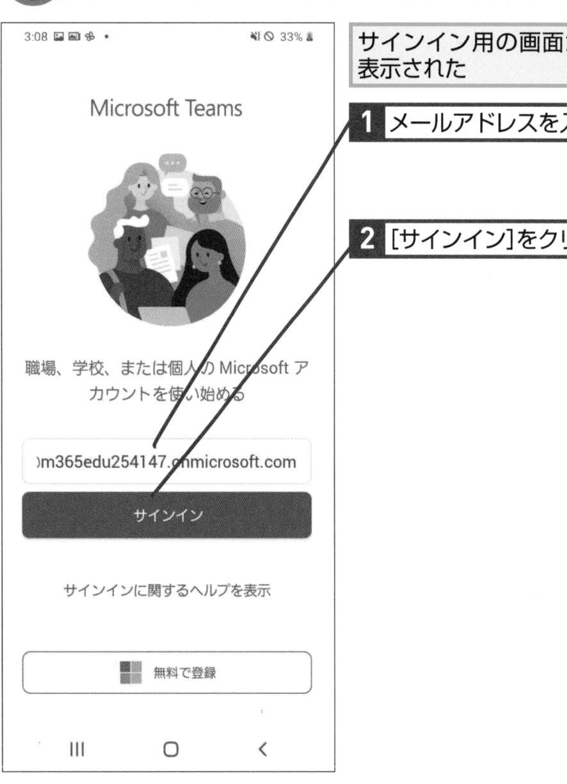

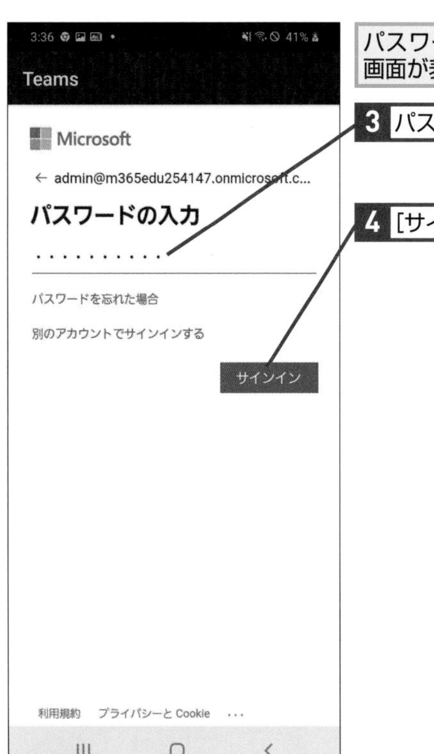

HINT! アカウントが自動的に表示されたときは

スマートフォンにインストールされている他のアプリ（メールなど）に別のMicrosoftアカウントが登録されている場合、手順3の画面に、登録済みのアカウントが表示される場合があります。ここでは、学校で管理されているアカウントでサインインする必要があるので、［別のアカウントでサインイン］をタップして、学校のアカウントを入力しましょう。

HINT! ［無料で登録］は使わない

手順3で［無料で登録］をタップすると、新しいMicrosoftアカウントを取得してTeamsを利用することができます。ただし、無料で取得できるアカウントは、個人向けのMicrosoftアカウントとなるため、本書で紹介する教育機関向けのTeams for Educationでは利用できません。必ず学校で管理されているアカウントを使ってサインインする必要があります。

間違った場合は？

学校で管理されているアカウントでは、パスワードを忘れた場合、基本的に管理者に問い合わせてリセットしてもらう必要があります。Microsoft 365 Educationの管理設定でユーザー自身によるパスワードのリセットが許可されている場合は、サインイン画面から自分でパスワードをリセットできます。

4 Teamsを起動する

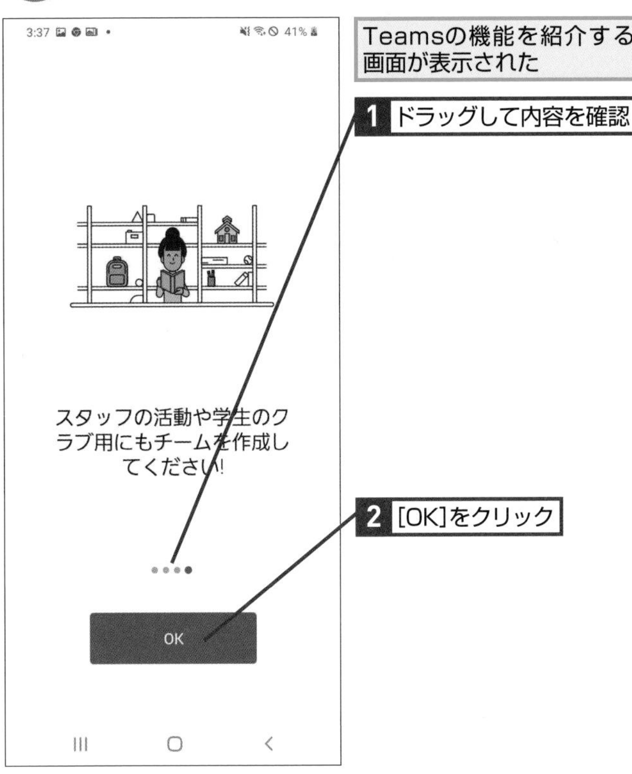

Teamsの初期画面が表示された

HINT! 複数の端末で同時にサインインできる

Teams for Educationは、同じアカウントを使って複数の端末で同時にサインインできます。パソコンとスマートフォンの両方で同じアカウントを利用すると、普段はパソコンで利用し、外出したときはスマートフォンで利用するといったように使い分けができます。もちろん、どちらの端末でも同じ情報を参照できます。

HINT! 通知の設定を変更するには

Teams for Educationアプリでは、新しい投稿などがあっときに通知が表示されるようになっています。通知が頻繁に表示されると、業務に支障が発生することがありますので、必要な通知だけが表示されるように設定を変更しておくといいでしょう。左上のメニューボタンから［通知］をタップすると通知の設定を変更できます。

Point 「Microsoft Teams」アプリを使う

Teams for Educationは、教育機関向けに最適化されたサービスですが、サービスを利用するためのアプリは個人向けや一般企業向けと同じものを使います。スマートフォンやタブレットのストアからダウンロードできるので、「Microsoft Teams」アプリをインストールしておきましょう。パソコンと同じアカウントでサインインすることで、両方で同じ情報を参照することができます。利用シーンや利用場所に応じてパソコンとスマートフォンを使い分けるといいでしょう。

レッスン 11

Teamsの画面を確認しよう

画面の名称

Teams for Educationの画面を確認しましょう。実際に授業に使う前に各部の名称や役割を確認しておくとスムーズに操作することができます。

1 Teamsを起動する

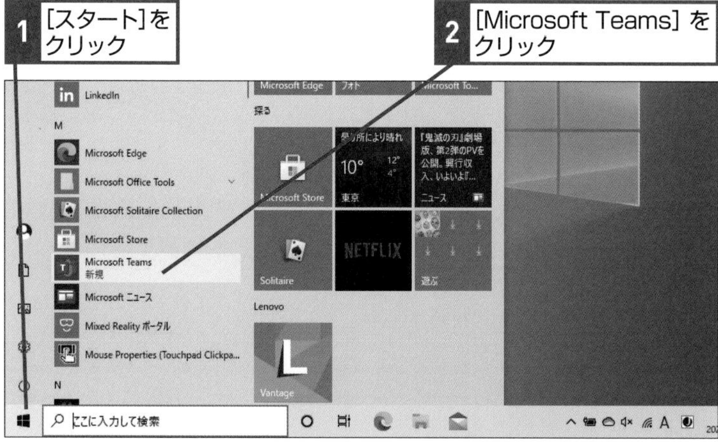

チームの一覧画面

キーワード

アカウント	p.180
サインイン	p.181
チャット	p.182
チャネル	p.182

HINT!

前回終了時の画面で再開できる

Teams for Educationでは、終了したときに開いていたアプリの画面が記憶され、次回、起動したときに同じアプリで作業を再開できます。使い方によっては、起動時に本書と同じ画面が表示されない場合がありますので、同じアプリの画面にしてから操作しましょう。

HINT!

サインインしたままで使用する

Teams for Educationは、基本的にサインインしたままで利用します。初期設定時にサインインした場合、通常は、手動でサインアウトしない限りはサインインしたままとなります。もしもサインアウトした場合は、レッスン❾の手順2と同じ画面が表示されるので、自分のアカウントでサインインし直しましょう。

テクニック Teamsをすぐに起動できるようにするには

Teams for Educationは、タスクバーにピン留めしておくと便利です。スタートメニューを開かなくてもすぐに起動できるようになります。次のように操作してピン留めしておきましょう。

科目や連絡用に作成したチームが一覧表示される

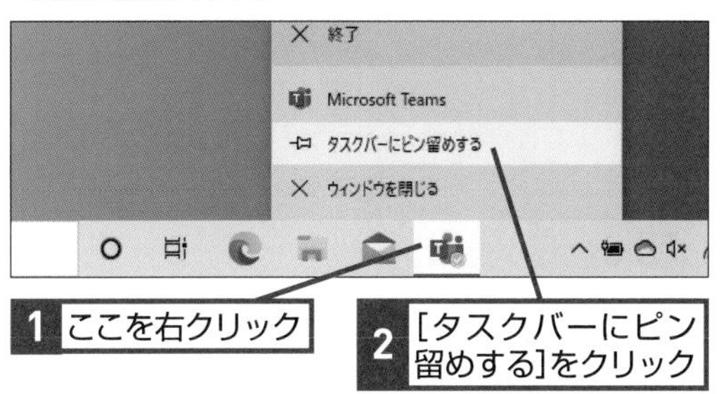

1 ここを右クリック

2 [タスクバーにピン留めする]をクリック

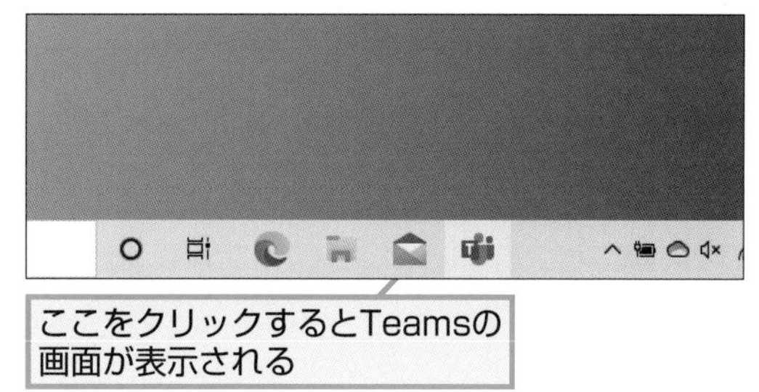

ここをクリックするとTeamsの画面が表示される

チームの作業画面

◆チャネル
各科目のやるべきことごとにチーム内にチャネルを作る

◆タブ
チャットやファイル、課題などチームで使うアプリを配置する

◆チャット
生徒とのコミュニケーションができる

◆会議
ビデオ会議を開始できる

Point

Teams for Educationの画面になれよう

Teams for Educationは、基本的に左側に配置されたアプリを選んで使う構成になっています。主に使うのは［チーム］で、ここに自分が参加しているチーム（科目などで先生が作成）が表示されます。各チームを開くと、チームの作業スペースが表示されます。左側にやるべきことごとに分類されたチャネルが表示され、上のタブにチームで使えるアプリ（投稿や課題など）が表示されます。課題やファイルなどは、チームごとに管理されますが、左側の［課題］や［ファイル］で、自分が参加するチームのデータをすべて表示することもできます。最初は複雑に思えますが、使っていくうちに慣れるので、いろいろな画面を開いて確認してみましょう。

レッスン

12 プロフィール画像を登録するには

プロフィール画像

最初の作業として、自分のプロフィール画像を登録しましょう。顔写真を登録することで、親しみやすさが感じられるうえ、会話の活性化にも役立ちます。

1 画像を変更する画面を表示する

科目や連絡用に作成したチームが一覧表示される

1 ここをクリック

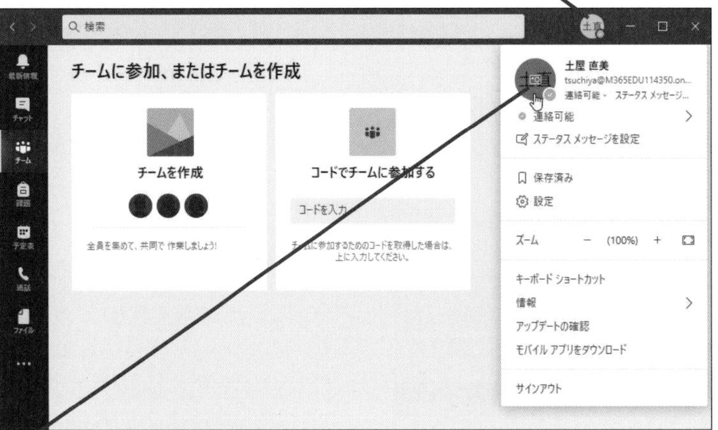

2 [プロファイル写真を変更]をクリック

[プロフィール画像を変更]画面が表示された

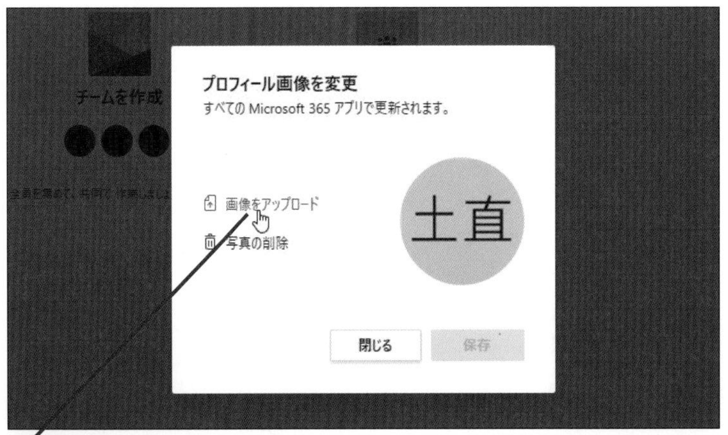

3 [画像をアップロード]をクリック

キーワード

HINT!

初期状態はイニシャルが表示される

プロフィール画像は、初期状態では名前情報から自動的に生成された「土直」や「TN」などのようなイニシャルの画像が表示されます。

HINT!

JPEG、PNG、GIF形式の画像を使える

プロフィール画像として登録できる画像ファイルは、「JPEG」「PNG」「GIF」のいずれかです。これらの形式の画像ファイルをあらかじめパソコンに保存しておきましょう。なお、ここでは写真を登録しましたが、好きなものやキャラクターの画像を登録することもできます。

間違った場合は？

間違った画像を登録してしまったときは、もう一度、操作をやり直すことで画像を変更できます。

2 画像を変更する

[開く]画面が表示された

1 画像をクリック

2 [開く]をクリック

画像がアップロードされた

3 [保存]をクリック

プロフィール画像が登録された

HINT! 画像の位置は自動設定される

プロフィール画像は、元の写真の一部が丸く切り取られて作成されます。このとき、元の写真のどの部分を切り取るかは自動的に判断されるので、細かな調整をする必要はありません。

HINT! Microsoft 365 Education全体で使われる

ここで設定したプロフィール画像は、Teams for Educationだけでなく、Microsoft 365 Education全体で利用されます。OutlookやWord、Excelなどでサインインしたときに使われるプロフィール画像としても同じ画像が自動的に設定されます。

Point オンラインでもクラスの雰囲気がよくなる

プロフィール画像は、単なるアイコンではありません。Teams for Educationのチャット画面で、発言の横に投稿者のアイコンとして表示されるなど、オンライン上での自分の姿として使われます。チャットなどで誰の発言かがひと目でわかるのもメリットですが、画像があると相手が身近な存在であることを意識できるため、会話が丁寧になったり、全体の雰囲気がよくなったりします。どんな画像にするかを考えるだけでも楽しいので、Teams for Educationの操作に慣れるための最初の作業としてクラス全員で取り組んでみるといいでしょう。

この章のまとめ

Teamsの使い方に慣れておこう

この章では、Teams for Educationの準備について説明しました。必要な機材を用意したり、アプリをインストールしたりすることも大切ですが、最も重要なのはTeams for Educationの使い方に慣れることです。Teams for Educationは、従来の個人の情報を管理するためのパソコン用アプリと違い、複数の人で共同で作業したり、コミュニケーションしたりするためのアプリとなっています。このため、チームやチャネルといった考え方を理解したり、データが共有されることを意識したりする必要があります。もちろん、こうした考え方は、これから本書で詳しく解説していきます。徐々に慣れていけばいいので、まずはTeams for Educationの画面をいろいろ操作して、画面の構成や名称に慣れておくようにしましょう。

Teamsの画面や操作方法に慣れるために、いろいろ操作しておこう

第3章 オンライン教室を作ろう

Teams for Educationを使って、授業のための「オンライン教室」を作りましょう。この章では、クラスや科目に相当する「チーム」と、単元やグループワークなどの作業スペースとして使う「チャネル」の作り方を解説します。

●この章の内容

レッスン
13 オンライン教室を計画しよう

Teamsの内容を考える

Teams for Educationでオンライン授業をするための準備をしましょう。「チーム」と「チャネル」という考え方でクラスや単元ごとの作業スペースを作ります。

キーワード

チームとチャネルの関係

「チーム」は同じ目的を持つ人の集合体で、「チャネル」はチーム内の検討事項や作業などを細かく分類するための単位です。学校の場合であれば、チームがクラス（もしくは科目）で、チャネルが、その科目で実施する単元などになります。

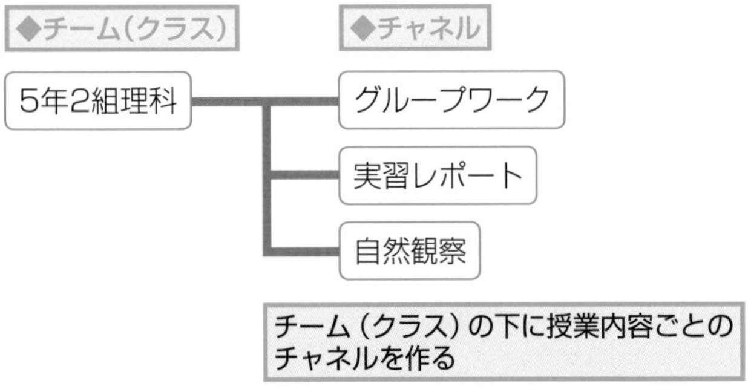

チーム（クラス）の下に授業内容ごとのチャネルを作る

クラスと科目でチームを作る

まずはチームを作りましょう。本書では「5年1組理科」などのように「クラス＋科目」で作ります。課題や成績はチームごとに管理されるため、科目ごとの方が管理しやすいためです。

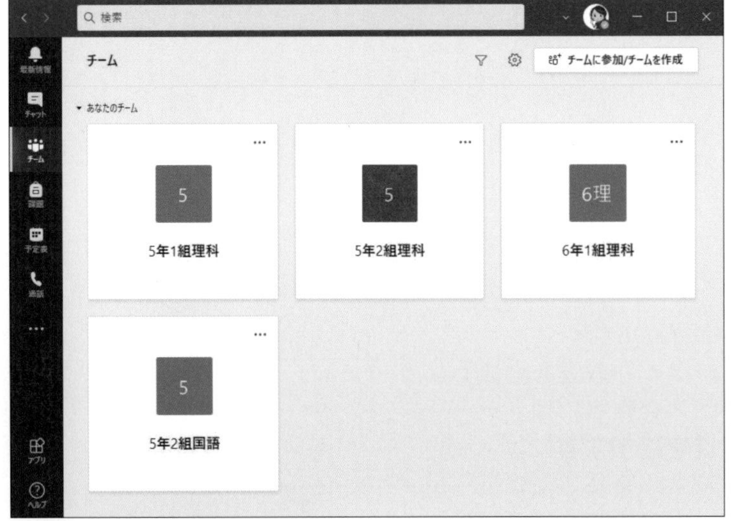

クラスでチームを作るよりも成績の管理がしやすい

HINT!

チームは作った人が管理する

チームは、基本的に作成した人（＝先生）が管理します。管理と言っても難しい操作は必要ありません。生徒を追加したり、チームの中にチャネルを作成したりするだけです。なお、チームの設定で管理者を設定できるので、副担任などを管理者に追加することもできます。

HINT!

「チーム―チャネル」の2階層構造

このページの図版でも解説しているように、チームはチャネルの中に作られます。なお、チャネルの中に、さらにチャネルを作ることはできません。「チーム―チャネル」という2階層の構造のみで、クラスや科目、単元などオンライン授業に必要な要素を管理する必要があります。

チームの中にチャネルを作る

チームができたらチームの中に「チャネル」を作りましょう。チャネルは、オンラインで生徒と会話をしたり一緒に作業したりする場となります。単元や作業内容ごとに作りましょう。

授業内容や課題などを別々にチャネルで管理する

職員室用にチームを作る

チームは、生徒だけでなく、先生同士でも作れます。学校全体や学年ごとのチームを作成することで、学校内の事務処理や行事の連絡、計画などにもTeams for Educationを活用できます。

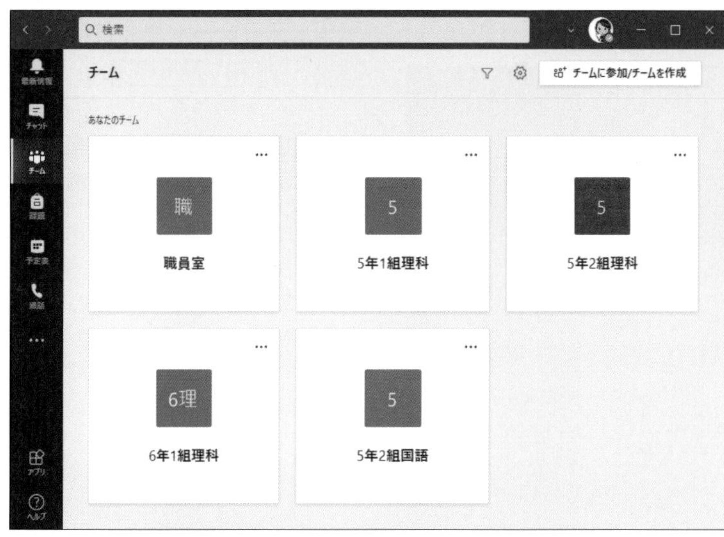

ペーパーレスな情報共有、オンラインの職員会議なども行える

HINT! ゲストも招待できる

Teams for Educationには、学校のOffice 365アカウントを所有していない外部ユーザーもゲストとして招待することもできます。たとえば、外部講師を一時的に招待して一緒に作業したり、保護者を招待してコミュニケーションに活用したりすることもできます。

HINT! チームには先生も追加できる

「5年2組理科」のようなチームには、生徒だけでなく、他の先生も追加できます。副担任などを追加して一緒に作業する場合にも対応できます。

Point 「チーム」と「チャネル」を理解しておこう

Teams for Educationを使ううえで、最初のポイントとなるのが「チーム」と「チャネル」という考え方です。最初は慣れないかもしれませんが、「チームが人でチャネルが事」「チームーチャネルの2階層」「成績や課題はチームごとに管理」「チャネルが実際のコミュニケーションの場」であることを押さえておけば迷うことなく使えるでしょう。それでは、次のレッスンから実際にチームとチャネルを作っていきましょう。

レッスン

14 クラスを作るには

クラスを作る

Teams for Educationで「クラス」を作りましょう。クラスはチームとして作ります。本書では、「5年2組理科」のように科目ごとにチームを作ります。

1 チームを作成する

Teamsにサインインしておく

1 [チーム]をクリック

2 [チームを作成]をクリック

[チームの種類の選択] 画面が表示された

3 [クラス]をクリック

▶キーワード

チーム	p.182
チャネル	p.182

ショートカットキー

Ctrl + 3 ····· Teamsを開く

HINT!

2つめ以降のクラスを作るには

手順1の画面は、チームがひとつも作成されていない場合のみ表示されます。次回以降は、チームの一覧画面が表示されるので、2つめ以降のクラスを作りたいときは、[チーム] 画面の右上に表示されている [チームに参加/チームを作成] クリックして作成します。

1 [チームに参加/チームを作成]をクリック

操作1の画面が表示される

HINT!

いろいろなチームを作れる

Teams for Educationでは、用途によって複数のチームを作成できます。ここでは、手順2で生徒と一緒に授業をするための「クラス」を作成しましたが、先生同士の連絡などに使える「プロフェッショナル ラーニング コミュニティ (PLC)」や学校の職員全体の連絡用に使える「スタッフ」、クラブや課外活動などに使える「その他」でチームを作成することもできます。

② クラスの名前を付ける

［チームを作成］画面が表示された

1 クラスの名前と教科を入力

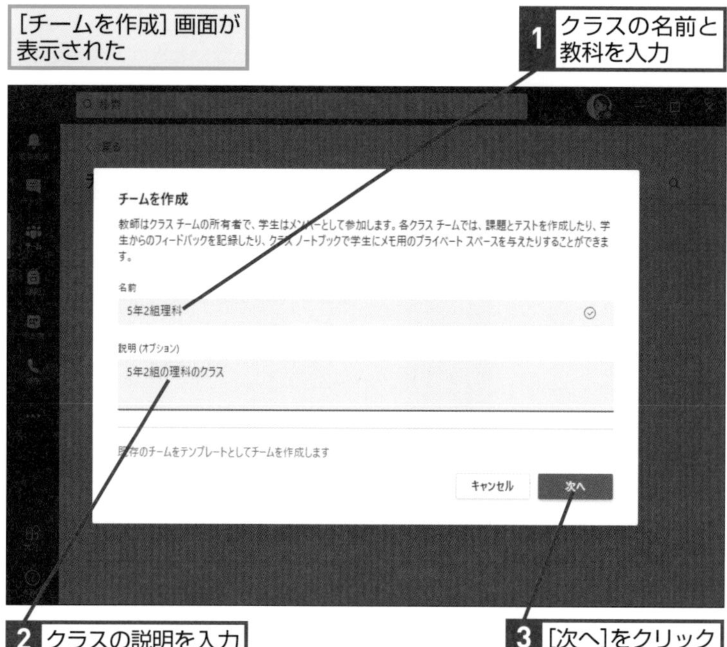

2 クラスの説明を入力

3 ［次へ］をクリック

ユーザーを追加する画面が表示された

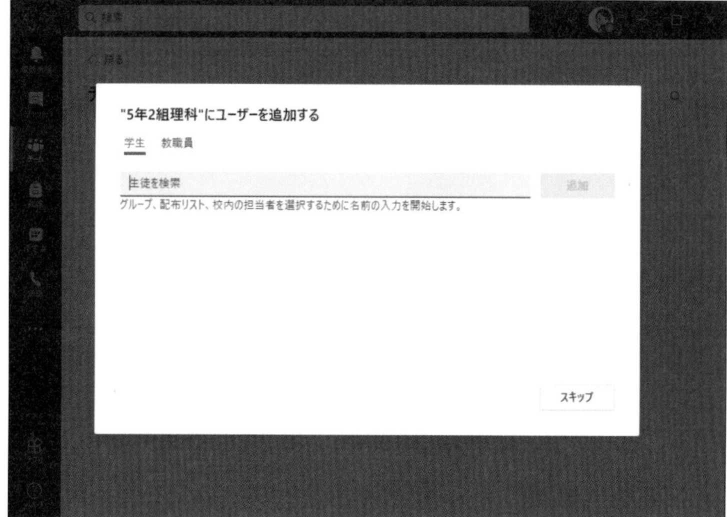

HINT!

チャネルを意識してクラス（チーム）を作ろう

クラスを作成するときは、その中に作るチャネルも意識することが大切です。たとえば、「5年2組」というクラスを作成してしまうと、その中で「国語読書」「国語作文」「理科実験」「理科グループワーク」……など、非常にたくさんのチャネルを一緒に管理しなければならなくなります。どちらかというと先にどのようなチャネルを作りたいを考えてから、そのチャネルを束ねる上の階層としてチーム（クラス）を作るといいでしょう。迷った場合は、本書のように「クラス＋科目」で作っておくことをおすすめします。

間違った場合は？

間違ったチームを作成してしまったときは、チームの一覧画面で［…］をクリックし、［チームを削除］をクリックすることでチームを削除できます。

HINT!

先生を追加するには

副担任などの先生をクラスに追加したいときは、手順2の画面で［教職員］をクリックして、同様に追加したい先生のアカウントを検索して追加しましょう。［教職員］で追加したアカウントは、自動的にチームの所有者（管理者）に設定されます。

次のページに続く

3 生徒を追加する

1 生徒の名前の一部を入力

生徒の候補が表示された

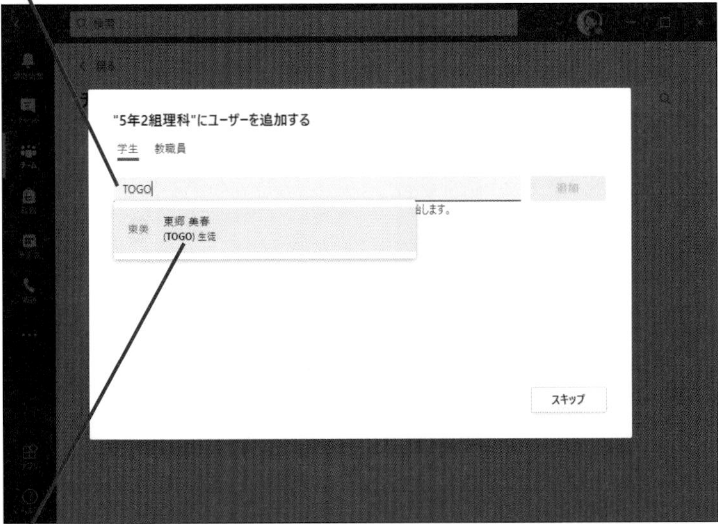

2 生徒のアカウントをクリック

生徒のアカウントが入力された

3 [通知]をクリック

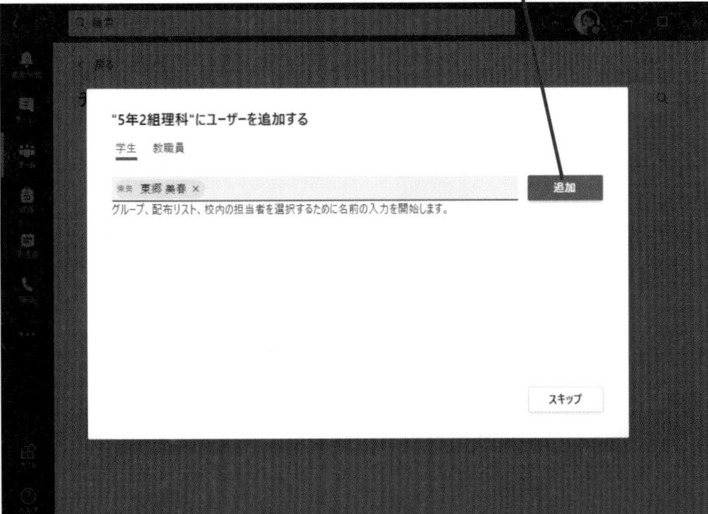

生徒のアカウントが追加される

HINT! 名前で表示されないときは

手順3で生徒の名前を入力しても候補が表示されないときは、生徒のアカウント名で検索してみましょう。ただし、アカウント名は、学校によって命名ルールが異なります。学生番号などが使われるのが一般的ですが、独自の命名ルールで設定される場合もあるので、Microsoft 365を管理している管理者に問い合わせてみましょう。

HINT! メンバーなしでも作成できる

手順3で［スキップ］をクリックすると、誰もメンバーが登録されていない状態のチームを作成できます。チームの作成後、次のレッスンを参考にメンバーを追加しましょう。

間違った場合は？

間違ったメンバーを追加してしまったときは、手順4の画面で名前の右側の［×］をクリックしてユーザーを削除します。作成後にメンバーを削除したいときは、次のレッスンを参照してください。

クラスを保存する

生徒のアカウントが追加された

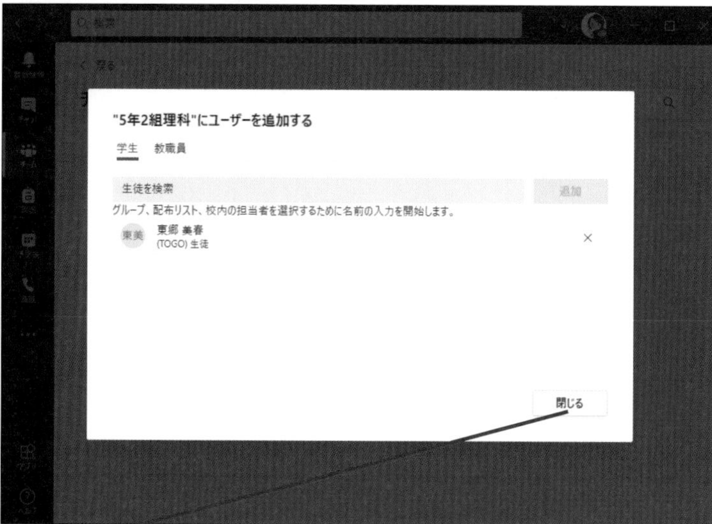

1 ［閉じる］をクリック

学年学級と科目を組み合わせたクラスができた

HINT!

名前やアイコンの変更もできる

チームの名前やアイコンは後から変更することができます。作成後、チームの一覧画面（次のレッスン⓯の手順1の画面）で［･･･］をクリックし、［チームを編集］を選択することで名前やアイコンを変更できます。

HINT!

授業に必要な機能が自動的に追加される

クラスを作成すると、手順4の下の画面のように、［一般］というチャネルが自動的に作成され、そこに［ファイル］や［クラスノートブック］［課題］［成績］などのアプリが自動的に登録されます。このようにクラスを作成すると、オンライン授業に必要な機能が自動的に整えられ、すぐに授業に活用できます。

Point

チームの作成から始めよう

オンライン授業の準備の第一歩はチームの作成です。Teams for Educationでは、用途に応じた複数のチームのひな形が用意されています。オンライン授業には「クラス」が最適なので、クラスでチームを作成しましょう。チームにはメンバーを登録する必要がありますが、作成時にすべて登録する必要はありません。本書でも次のレッスンで後から追加する手順を紹介していますので、とりあえずチームを作成し、後からじっくりと登録するといいでしょう。

レッスン 15

生徒を追加するには

メンバーを追加

チームにメンバーを登録しましょう。本書のように「5年2組理科」のようなチームを作成した場合は、クラスに所属する生徒を全員登録します。

1 メニューを表示する

生徒を追加したいチームを表示しておく

1 [チーム] をクリック

2 [その他のオプション]をクリック

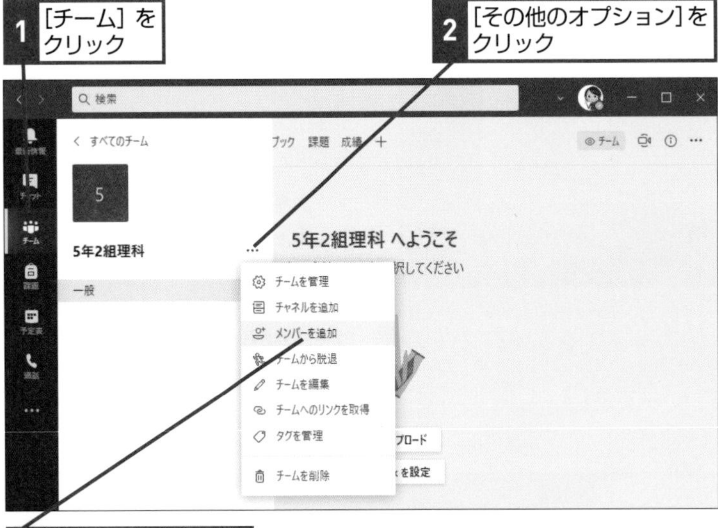

3 [メンバーを追加] をクリック

ユーザーを追加する画面が表示された

4 ここをクリック

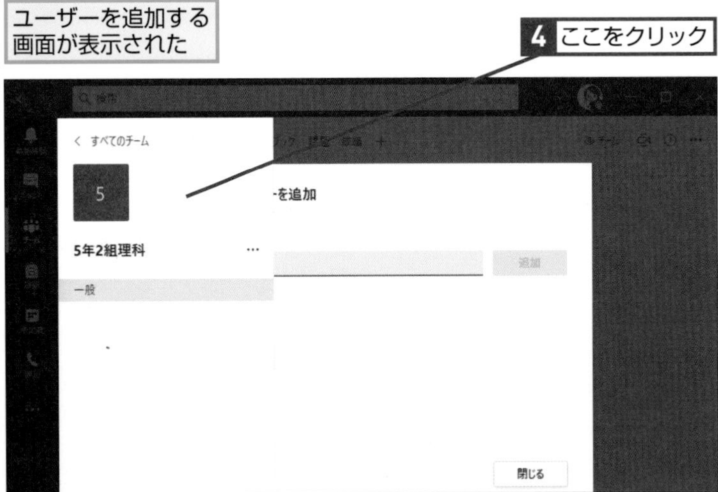

メニューの表示が最小化される

キーワード

チーム	p.182
メンバー	p.183

ショートカットキー

Ctrl + 3 ……Teamsを開く

HINT! チームの設定を変更するには

手順1のようにチーム名の右側にある［…］をクリックすると、チームのさまざまな設定を変更できます。たとえば、［チームを管理］で手順3と同じ管理画面を表示したり、［チームを編集］でチーム名やアイコンを変更したり、［チームを削除］でチームを削除したりできます。

HINT! 左側に常にチームの一覧が表示されることもある

画面の解像度が高い場合や、アプリのウィンドウサイズが一定以上の大きさの場合は、手順1で表示している左側のチームの一覧画面が常に表示された状態になります。本書では、画面の解像度が低いため、チームの一覧画面を表示する際に［チーム］をクリックする必要がありますが、常に表示されている場合は、手順1で操作2から操作しましょう。

間違った場合は？

間違ったメンバーを追加してしまったときは、手順3の画面で、メンバーの右側の［×］をクリックしてメンバーを削除します。

生徒を追加する

レッスン⓮を参考に生徒のアカウントを追加

1 [閉じる] をクリック

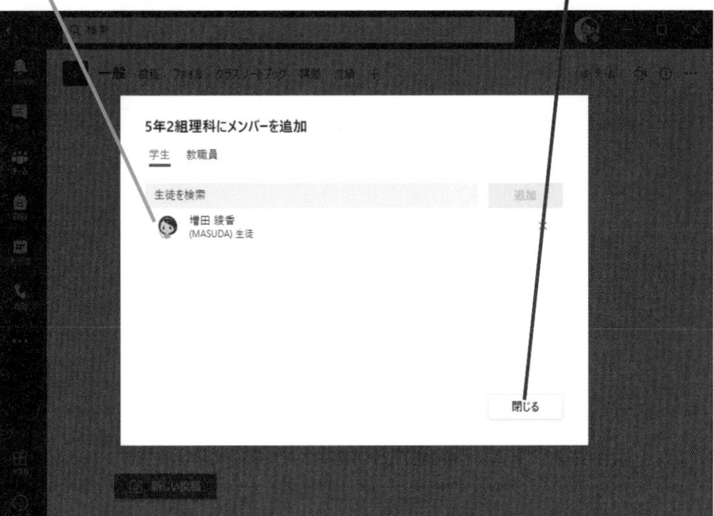

生徒が追加された

3 クラスの参加者を確認する

[その他のオプション] を表示しておく

1 [チームを管理] をクリック

クラスのメンバーが表示された

HINT! 複数の生徒をまとめて追加できる

手順2の画面で、複数の生徒の名前を指定すると、生徒をまとめて追加できます。クラスに必要なすべての生徒を忘れずに登録しましょう。

HINT! タブで設定項目を選べる

手順3の画面（手順1で［チームを管理］でも表示可能）では、タブでさまざまな設定が可能です。［保留中の要求］は他のユーザーがチームへの参加をリクエストしている場合の許可などができます。［チャネル］はチーム内のチャネルの一覧表示や追加ができます。［設定］はチームのテーマやアクセス許可などの設定ができます。［分析］はチームの活動状況を確認できます。［アプリ］はチームに追加されているアプリを管理できます。

タブからさまざまな設定ができる

メンバー　保留中の要求　チャネル　設定　分析　アプリ
メンバーを検索

Point 忘れずに全員登録しよう

クラスを作成するときに重要なのは、必要なメンバーを忘れずに全員登録することです。生徒を追加するのを忘れると、その生徒が授業に参加できなくなってしまいます。手順3の［メンバー］画面で、登録されているメンバー（生徒と先生）を一覧表示できるので、漏れがないことを重ねてチェックしましょう。

レッスン

16 チャネルを作るには

チャネルを追加

作成したチームにチャネルを追加しましょう。「5年2組理科」というチーム内に作るので、グループワークなど、その科目で実際にやることをチャネルとして登録します。

1 メニューを表示する

チャネルを追加したいチームを表示しておく

1 [チーム]をクリック

2 [その他のオプション]をクリック

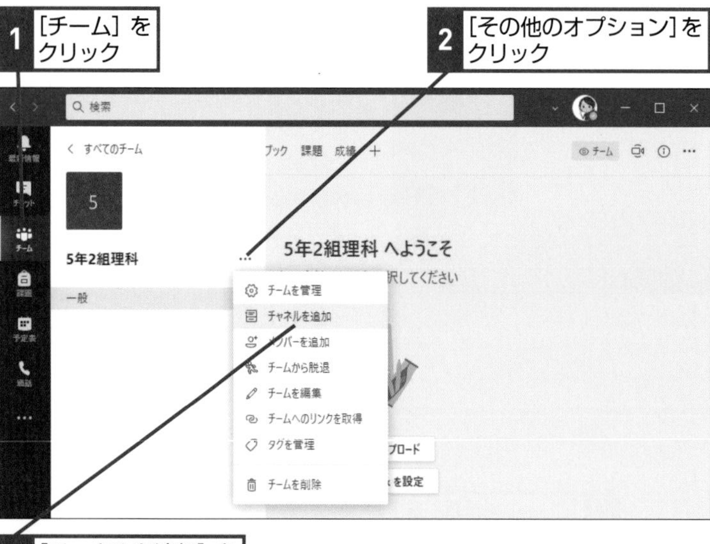

3 [チャネルを追加]をクリック

[チャネルを追加]画面が表示された

キーワード

チーム	p.182
チャネル	p.182

ショートカットキー

Ctrl + 3 ……Teamsを開く

HINT!

標準の[一般]は変更できない

チームを作成すると、標準で[一般]というチャネルが自動的に作成されます。このチャネルは名前を変更することはできません。[一般]チャネルは、チームの全体的な連絡や情報共有に利用します。たとえば、本書の例では、[5年2組理科]チームの[一般]チャネルで次の授業の予定(たとえばグループワークなど)を通知します。そして、具体的な授業内容(グループの構成や検討する課題など)については[グループワーク]チャネルで通知するといったように使い分けます。

HINT!

チャネルの設定を変えるには

チャネルの作成後、チャネル名の右側にある[…]をクリックするとチャネルの設定を変更できます。たとえば、使わなくなったチャネルを非表示にしたり、削除したりできます。

間違った場合は？

チャネル名を間違えたときは、手順3でチャネルの右側の[…]をクリックし、[このチャネルを編集]からチャネル名を変更できます。

第3章 オンライン教室を作ろう

❷ チャネルを作成する

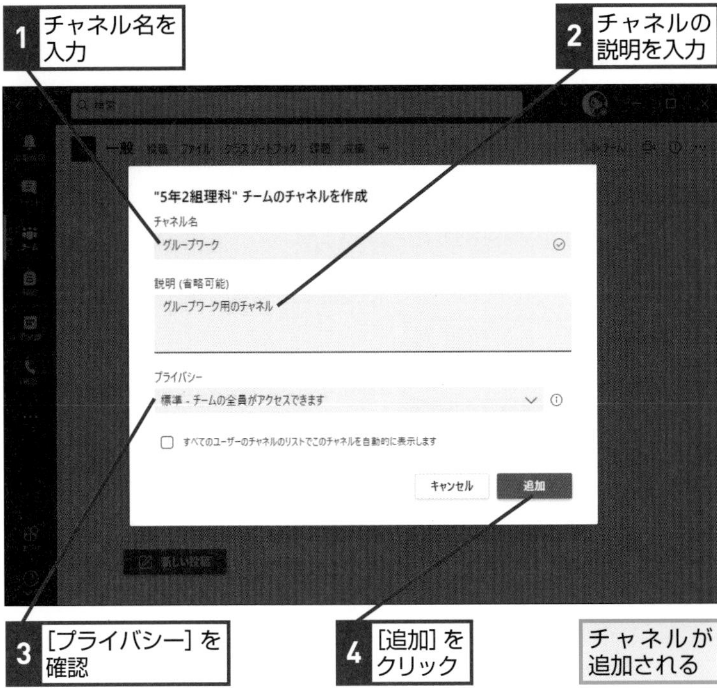

❸ チャネルを確認する

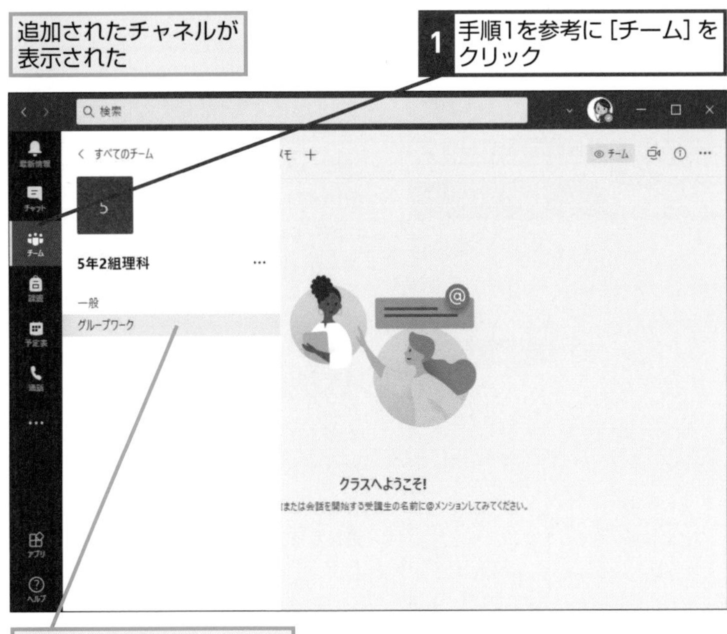

HINT!
プライバシー設定は後から変更できない

手順2の［プライバシー］は、チャネルを使える人を制限するかどうかの設定です。［標準］ではチームの全員がチャネルにアクセスできますが、［プライベート］にすると登録したメンバーしかチャネルにアクセスできません。プライバシー設定はチャネルの作成時にしか設定できず、後から変更できません。

HINT!
［すべてのユーザーのチャネルのリストで～］ってなに？

手順2でプライバシー設定を［標準］で作成する場合、［すべてのユーザーのチャネルのリストで～］という選択肢が表示されます。これをオンにすると、チーム内の全ユーザーのチーム一覧画面（手順3の左側の画面）に自動的に作成したチャネルが表示されます。

Point
チャネルを増やしすぎないように注意

チャネルは、実際の授業で使うことを想定したものを作成します。通常は［一般］だけでかまいませんが、単元ごとに作ったり、グループワーク用に作ったりと、授業内容に合わせて作りましょう。チャネルは、複数作成することができますが、あまり増やしすぎると管理が煩雑になります。本当に必要かどうかを考えて作成しましょう。

レッスン

17 チームの設定をするには

メンバーのアクセス許可

作成したチームの設定を確認しておきましょう。クラスの場合、チームのメンバーは生徒となるため、アクセス許可をある程度制限しておくといいでしょう。

1 メニューを表示する

設定を変更したいチームを表示しておく

1 レッスン⑯を参考に［その他のオプション］を表示

2 ［チームを管理］をクリック

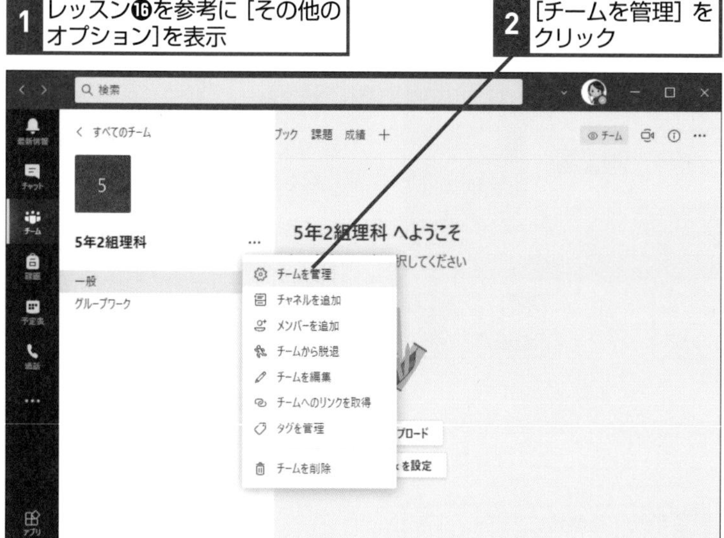

チームの管理画面が表示された

3 ［設定］をクリック

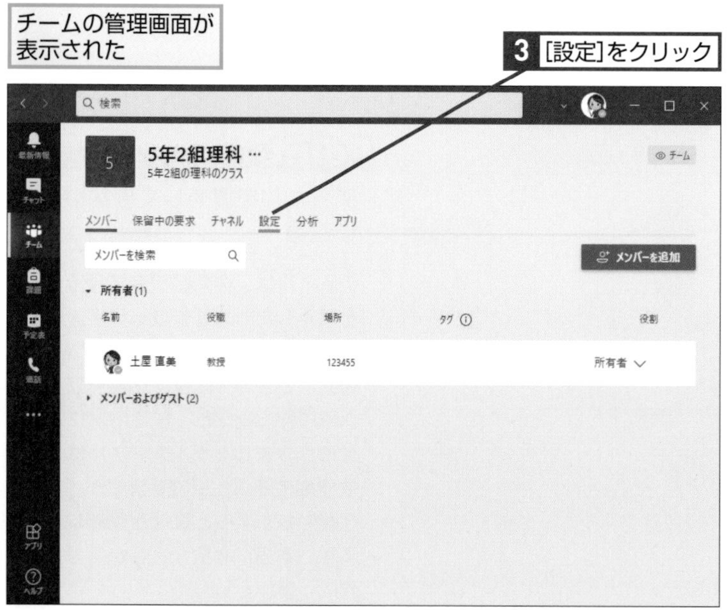

キーワード

HINT!

チーム名やアイコンも設定しておこう

実際にオンライン授業をする前に、［チームの編集］でチーム名やチームのアイコンの設定も確認しておきましょう。どのような目的のチームなのかが生徒にもわかるような名前を付けたり、教科がすぐにわかるようなアイコンを設定しておくことで、生徒の参加意欲を上げることにつながります。

HINT!

メンバーの設定もできる

［チームを管理］を選択すると、最初に［メンバー］画面が自動的に表示されます。この画面を使って、メンバーの追加や削除をしたり、メンバーの権限を変更したりすることもできます。

間違った場合は？

手順2の下の画面で間違った設定をオンにしてしまったときは、もう一度、［設定］画面を開いて設定を変更します。

2 設定を確認する

チームの設定画面が表示された

1 [メンバー アクセス許可]をクリック

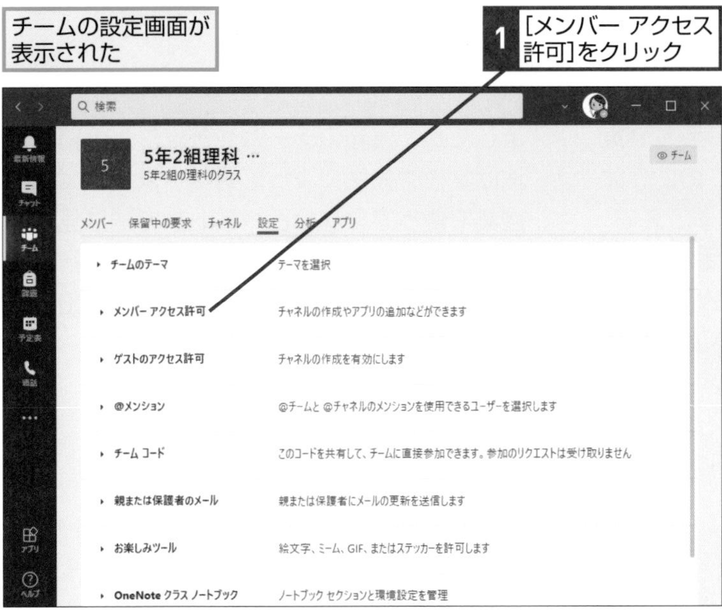

メンバーの権限が一覧で表示された

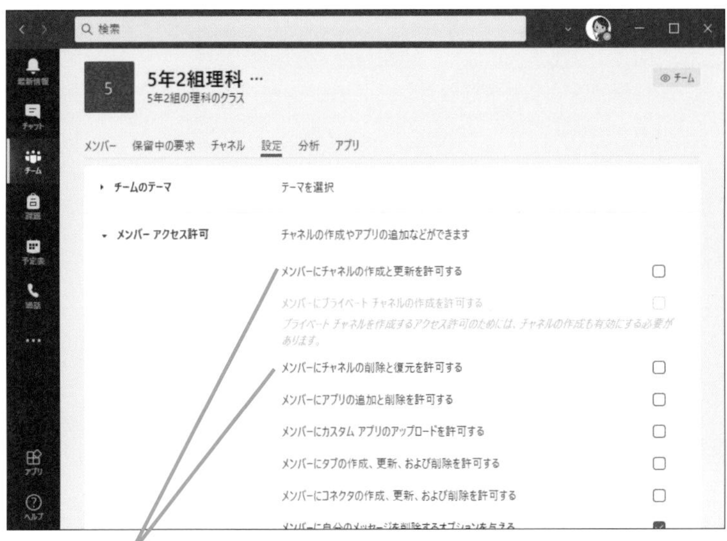

チャネルの作成や削除などを許可する場合はここをクリックする

HINT! 即座に有効になる

手順2の下の画面で、設定項目にチェックマークを付けたり、外したりすると、即座にその設定が有効になります。チェックマークを付けた後、設定を適用したり、保存したりしなくても設定が適用されるので、設定を変更するときは、本当に設定してもいいかどうかをよく考えてからクリックしましょう。

HINT! チームの設定とチャネルの設定は別

ここで紹介している手順は､「チーム」を管理するための設定です。チーム内にチャネルがある場合、そのチャネルの設定は別に存在します。チャネルの設定を変更したい場合は、チャネルの右側の［…］をクリックして、［チャネルを管理］を選択します。なお、チームとチャネルでは役割が異なるため、設定できる項目も異なります。

Point 基本的には標準設定でかまわない

チームの設定は、基本的に標準設定のままでかまいません。一般的な学校でのクラス運営が想定され、生徒の操作がある程度制限された状態になっています。ただし、生徒に自主的にチームの運営を任せたい場合は、標準設定のままではチャネルの作成などができません。生徒自身による活動を尊重する場合は、アクセス許可をある程度緩めに設定しておくといいでしょう。

この章のまとめ

授業内容に合わせてチャネルを作る

この章では、チームとチャネルの考え方や実際の作り方を紹介しました。この2つはTeams for Educationを使いこなすうえで、とても大切な考え方となります。本書では、一例として［5年2組理科］のようなチームと［グループワーク］というチャネルを作りましたが、実際のチームやチャネルの構成方法は学校や先生によって異なります。実際に授業で使ってみないとベストな方法は見つからないかもしれません。いろいろと試行錯誤しながら、自分に合った方法を見つけ出すといいでしょう。

チームとチャネルを覚えよう

チームとチャネルの関係を覚えて使いやすい構成にしよう

第4章 オンライン教室を活用しよう

Teams for Educationに作成したオンライン教室を使って生徒とコミュニケーションを取ってみましょう。この章では、生徒とメッセージをやり取りしたり、ファイルを投稿して共有したりする方法を紹介します。

●この章の内容

レッスン

18 生徒向けのメッセージを投稿するには

メッセージの投稿

チャネルにメッセージを投稿してみましょう。［投稿］を利用することで、生徒への連絡を書き込んだり、生徒とオンラインで会話をしたりできます。

1 メッセージの入力欄を表示する

メッセージを投稿するチャネルを表示しておく

1 ［新しい投稿］をクリック

メッセージの入力欄が表示された

キーワード

チャネル	p.182
メッセージ	p.183

ショートカットキー

Shift + Enter ………改行する

HINT!

［チャット］と何が違うの？

Teams for Educationでは、［チャット］でもメッセージをやり取りできます。あらかじめメンバーが決まっているチャネルの［投稿］と違って、特定の相手やメンバーをその場で決めて会話ができるのが［チャット］の特徴です。また、相手を呼び出してリアルタイムにメッセージをやり取りすることもできます。

HINT!

［一般］チャネルの使い方

ここでは、例として［5年2組 理科］チームの［一般］チャネルにメッセージを投稿しています。［一般］チャネルはチームのメンバー全員が自動的に参加するチャネルで、特に用途は限られていません。このため、チーム（ここでは5年2組 理科）に関して、全員に伝えたい話題を投稿したいときに使います。個別の単元や目的のチャネル（たとえばグループワークなど）があるときは、話題ごとに使うチャネルを分けてメッセージを投稿します。

2 メッセージを入力する

1 メッセージを入力

2 Shift ＋ Enter キーを押す

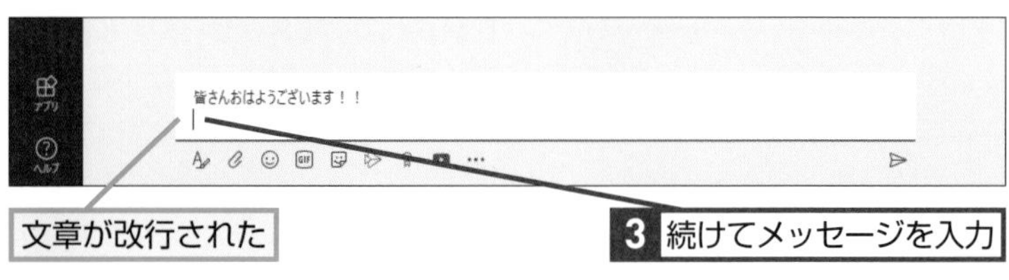

文章が改行された

3 続けてメッセージを入力

皆さんおはようございます！！
授業でなにか困ったことや気づいた点はありませんか？
自由に教えてください。

メッセージが完成した

3 メッセージを送信する

1 送信]をクリック

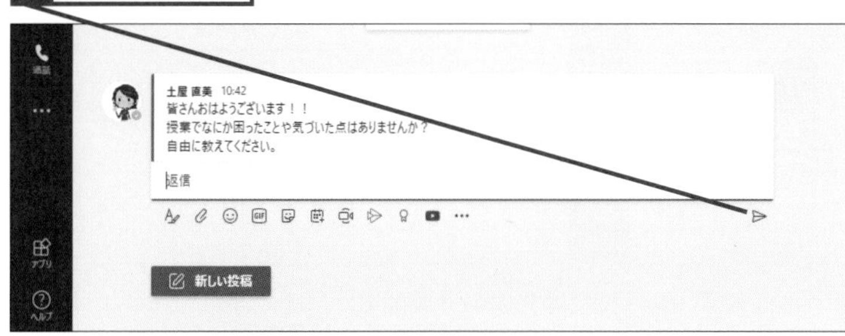

メッセージが送信された

HINT! 長文入力や書式設定に便利な［書式］

長文を入力したり、特定のメッセージを目立たせたいときは、［書式］ボタンを押してメッセージを入力するといいでしょう。Shift＋Enterキーでなく Enterキーで改行できたり、特定の文字のサイズや色を変えて目立たせたりできます。

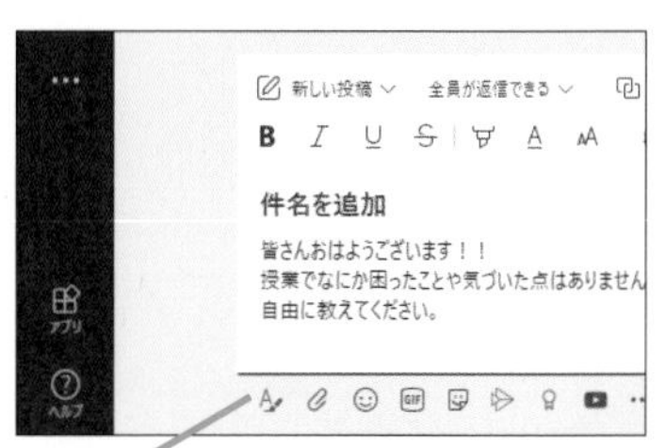

［書式］をクリックすると作成ボックスを表示できる

間違った場合は？

間違ったメッセージや入力途中でメッセージを投稿してしまったときは、レッスン⑳を参考にメッセージを編集します。

Point 連絡や問いかけに活用しよう

Teams for Educationを利用すると、生徒（チームのメンバー）と気軽にメッセージをやり取りできます。授業の連絡や生徒への問いかけ、生徒からの要望や質問の受付などに活用しましょう。時間や場所にとらわれることなくメッセージを投稿できるので家庭学習の時などでも連絡が可能です。また、投稿したメッセージはクラスのメンバー全体が参照できるうえ、答えられる人が自由に返信できるので、生徒同士が助け合う力を養うのにも役立ちます。

レッスン 19

生徒のメッセージに返信するには

メッセージへの返信

生徒が投稿したメッセージに返信してみましょう。メッセージに対して返信することで、一連の会話として投稿された複数のメッセージがまとめて表示されます。

キーワード

チャネル	p.182
メッセージ	p.183

ショートカットキー

Shift + Enter……改行する

1 返信用の入力欄を表示する

生徒からメッセージが返信された

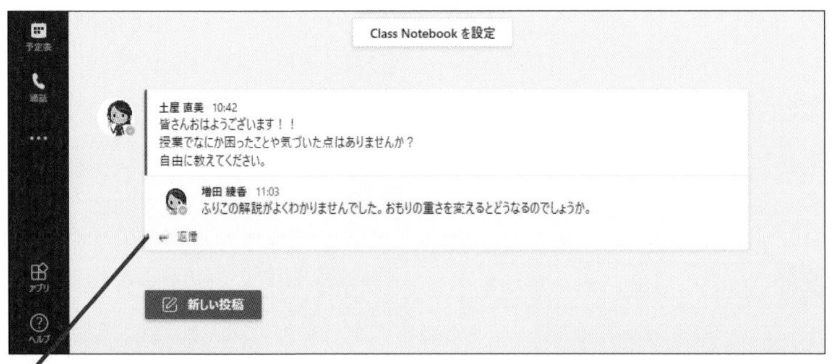

1 [返信]をクリック

メッセージの入力欄が表示された

HINT!

[新しい投稿]と[返信]を使い分けよう

[新しい投稿]は新しい話題を始めるときに使います。一方、[返信]はすでに開始されている話題（すでに投稿されているメッセージ）に続けてメッセージを書き込みたいときに使います。

テクニック **誰が[新しい投稿]を開始できるかを決められる**

標準設定では、チャネルのメンバーは誰でも[新しい投稿]から話題を開始することができます。ただし、授業用のチャネルでは、生徒に自由に新しい投稿を許可してしまうと、授業の連絡や大切なメッセージが埋もれてしまう可能性があります。特定のメンバー（先生やクラス委員、科目係など）だけが[新しい投稿]を開始でき、他の生徒は返信だけができるようにしたいときは、次のようにモデレーションをオンにして、新しい投稿ができるメンバーを追加しましょう。

管理したいチャネルを表示しておく

1 [その他のオプション]をクリック

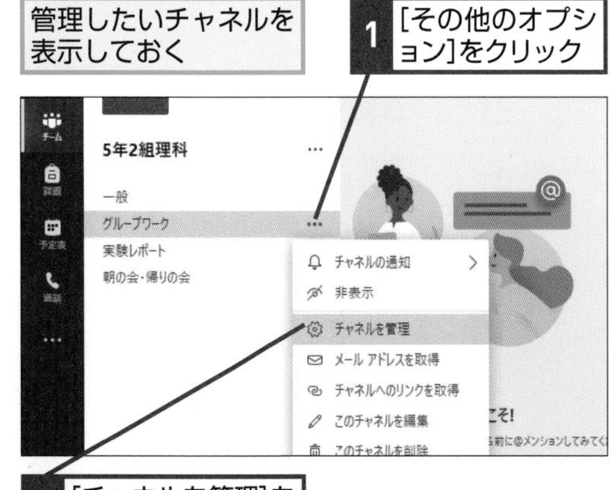

2 [チャネルを管理]をクリック

[チャネル設定]の画面が表示された

3 ここをクリックして[オン]に変更

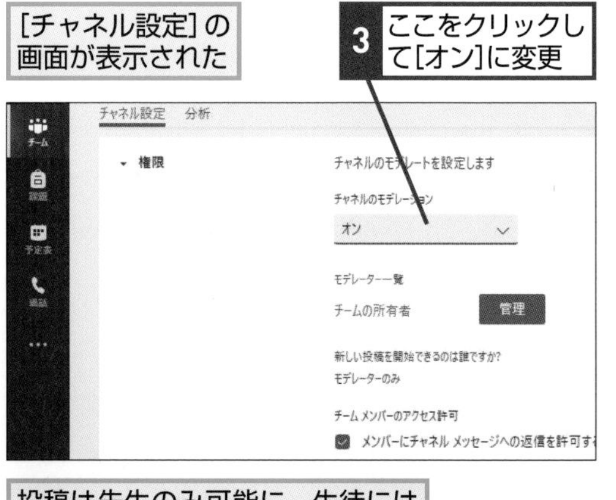

投稿は先生のみ可能に、生徒には返信の許可を与えることができる

② 返信を送信する

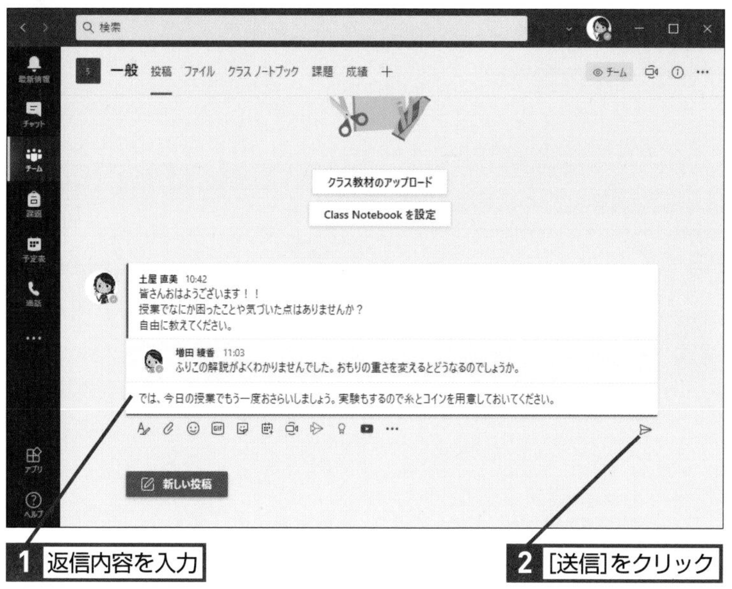

1 返信内容を入力

2 ［送信］をクリック

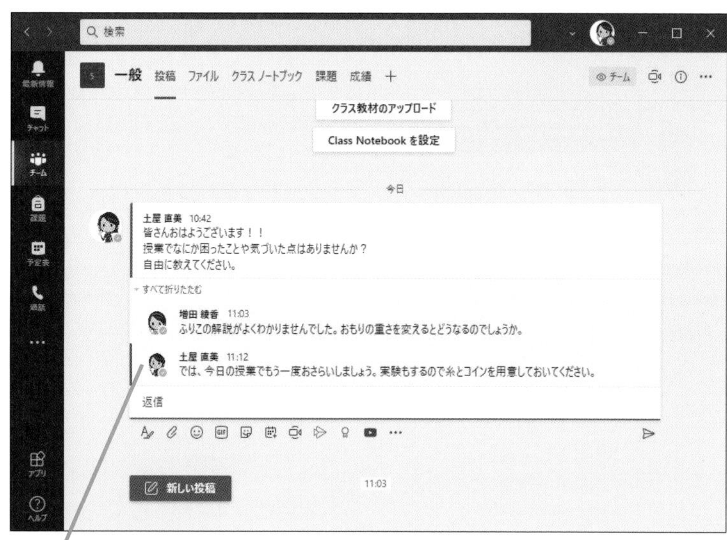

返信が送信された

HINT!

返信でも書式を設定できる

返信でも、メッセージ欄の下にあるアイコンを使った編集機能を利用できます。［書式］で文字サイズや色を変えたり、［絵文字］で絵文字を入力したりしてみましょう。

HINT!

返信もクラス全員に表示される

返信した内容も、クラス（チーム）のメンバー全員に表示されます。［投稿］はチーム（またはチャネル）の公の掲示版なので、それを意識して利用しましょう。なお、他のメンバーに見られることなく、特定のメンバーとのみメッセージをやり取りしたいときは［チャット］で生徒を指定してメッセージを送ります。

間違った場合は？

メッセージの入力途中で間違って Enter キーを押して送信してしまったときは、レッスン⑳を参考にメッセージを編集するか、続けて［返信］をクリックして続きを入力しましょう。

Point

慣れるまでは迅速かつ丁寧に返信しよう

最初のうちは、メッセージを投稿することは、生徒にとっても勇気のいる行為となります。このため、クラス全員が［投稿］の使い方に慣れるまでは、なるべく生徒が書き込んだメッセージに迅速かつ丁寧に返信することを心がけましょう。完全な回答をすぐにできない場合でも、とりあえず返信をしておくと生徒が不安なく使えるようになります。

レッスン

20 投稿したメッセージを編集するには

メッセージの編集

投稿したメッセージを編集してみましょう。誤字や脱字や間違って投稿してしまったメッセージでも、後から簡単に修正することができます。

メッセージを修正する

1 メッセージを編集可能にする

編集したいメッセージを表示しておく

1 編集したいメッセージにマウスカーソルを合わせる

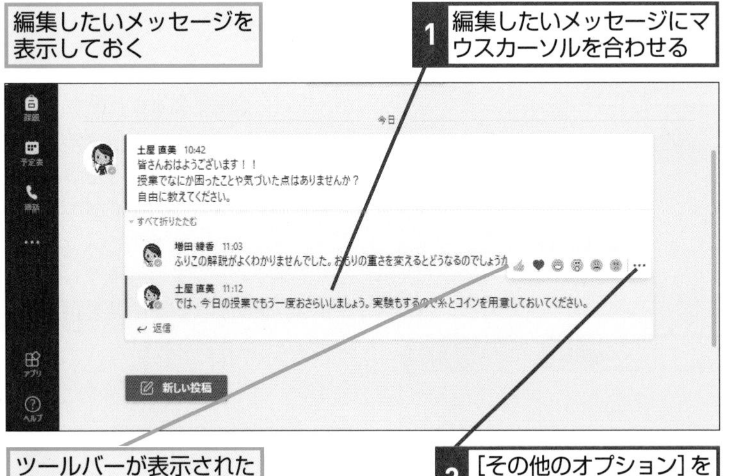

ツールバーが表示された

2 ［その他のオプション］をクリック

3 ［編集］をクリック

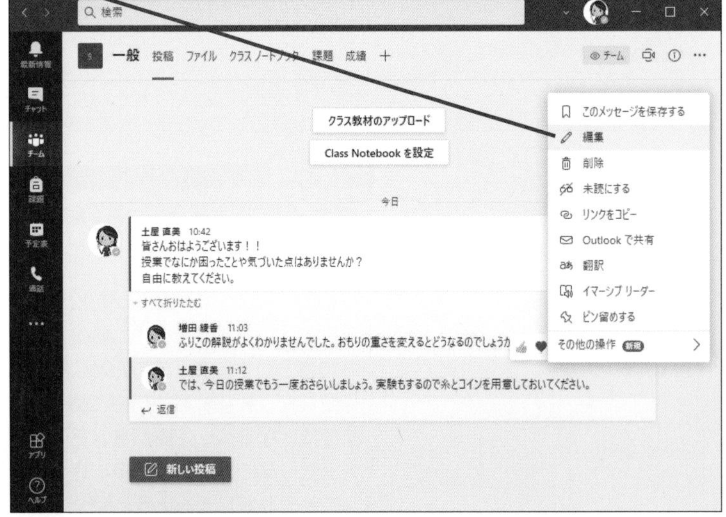

メッセージが編集可能な状態になる

キーワード

チャネル	p.182
ピン留め	p.182
メッセージ	p.183
メンバー	p.183

HINT!

［ピン留め］で大切な情報を全員で保管できる

重要な連絡や課題など、大切なメッセージは［ピン留め］しておくと便利です。メッセージを［ピン留め］すると右上の［!］（チャネル情報）アイコンからいつでもピン留めした情報を表示できます。［ピン留め］はチームのメンバー全員に対して有効な機能なので、生徒も同様に［!］（チャネル情報）からピン留めしたメッセージを参照できます。

HINT!

［メッセージの保存］と使い分けよう

［ピン留め］が全員に対して有効な機能であるのに対して、自分だけに有効な機能が［このメッセージを保存する］です。保存したメッセージは、右上の自分のアイコンをクリックしてから［保存済み］を選択することで、いつでも参照できます。後で返信するための備忘録などとしても活用できます。

2 メッセージを修正する

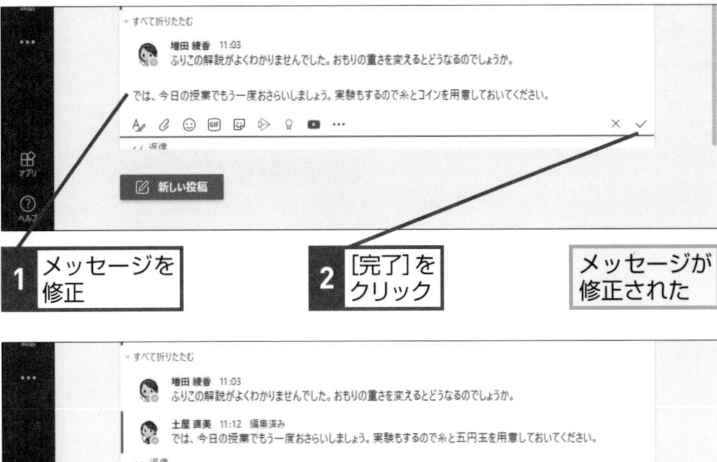

1 メッセージを修正

2 ［完了］をクリック

メッセージが修正された

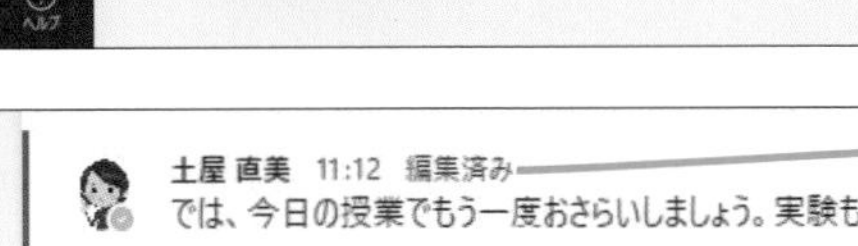

編集されたメッセージは［編集済み］と表示される

メッセージを削除する

手順1を参考に［その他のオプション］を表示しておく

1 ［削除］をクリック

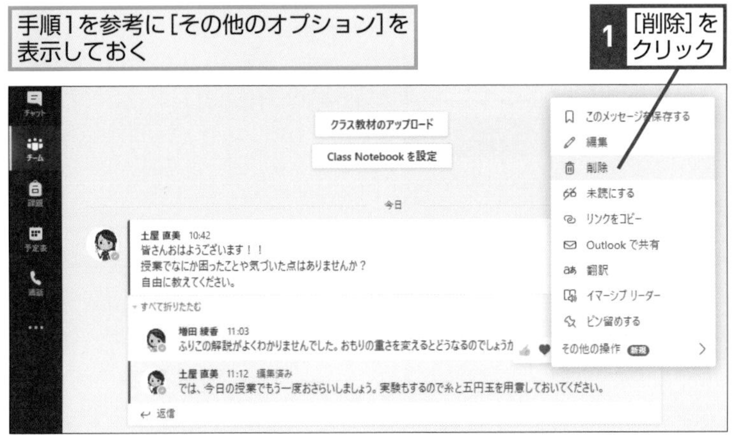

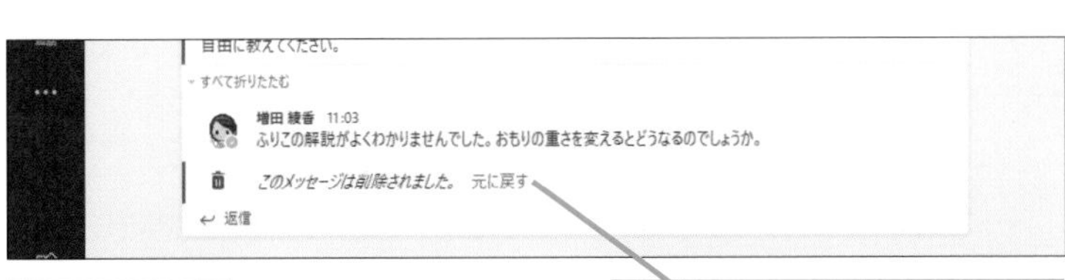

メッセージが削除された

［元に戻す］をクリックすると復元できる

HINT! 編集をやめる場合は

手順2でメッセージの修正後、やはり元のメッセージに戻したいときは、［完了］ではなく、［キャンセル］をクリックします。ただし、一度［完了］をクリックしてしまうと、元に戻すことはできません。

HINT! 編集や修正したことが表示される

メッセージが編集されたり、削除されたりしたことは、メッセージの一覧画面に表示されます。［編集済み］や［このメッセージは削除されました］のように表示され、メンバーは誰でも編集したことや削除したことがわかります。

間違った場合は？

間違って必要なメッセージを削除してしまったときは、［元に戻す］をクリックすることでメッセージを戻せます。

Point 間違って投稿しても大丈夫

メッセージを投稿するときは、必要以上に慎重になる必要はありません。このレッスンで紹介したように、後から簡単に内容を編集できるので、気軽にメッセージを投稿しましょう。編集したことが表示されるので、たとえば課題の提出日などの重要な情報を修正した場合でも、修正されたことが生徒にもわかります。ただし、たくさんのメッセージが投稿される場合、編集後のメッセージが埋もれてしまう場合もあります。メッセージをピン留めしたり、修正ではなく新しい投稿として修正後のメッセージを投稿し直したりするのもひとつの方法です。

レッスン

21 特定の生徒にメッセージを送るには

メンション

[メンション] を使って、特定の生徒にメッセージを送ってみましょう。特に読んで欲しい生徒にメッセージを強調表示したり、通知したりできます。

1 特定の生徒を選ぶ

レッスン⑱を参考に新しいメッセージを作成しておく

1 メッセージに続けて「@」と入力

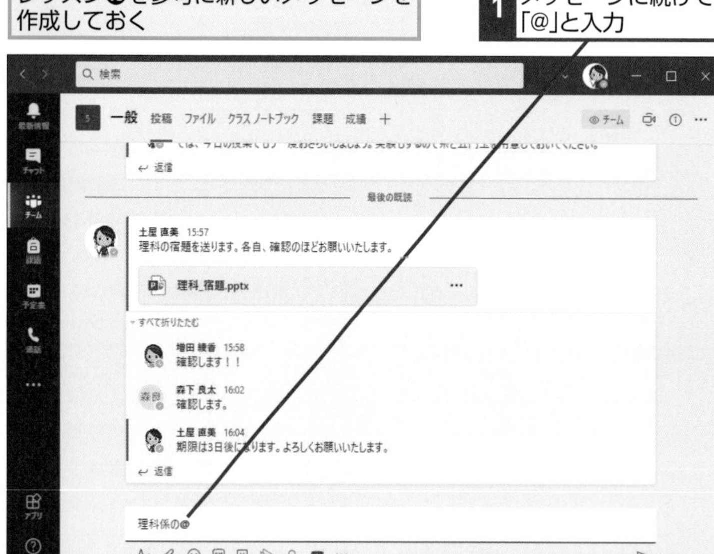

クラスのメンバーが表示された

2 メッセージを送りたい生徒名をクリック

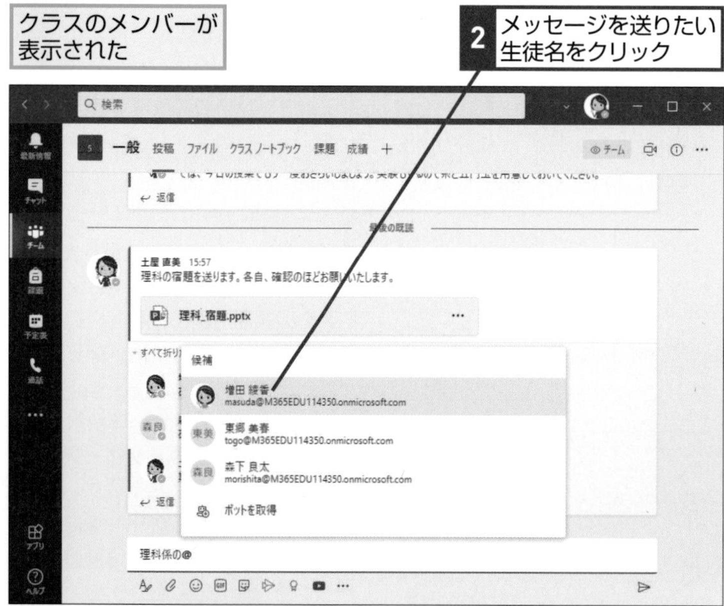

メンション状態になった

キーワード

HINT!

[@] は半角でも全角でもいい

メンションに利用する「@」記号は、半角でも全角でも、どちらで入力してもかまいません。入力すると、自動的に手順1の下の画面のようなメンバー一覧画面が表示されます。

HINT!

一覧に表示されない場合は

[@] を入力したときに表示されるメンバーは、チーム（またはチャネル）に登録されているメンバーのみとなります。登録されていないメンバーは表示されません。

間違った場合は？

手順1で間違った生徒を選択してしまったときは、手順2の画面で、その生徒の名前を削除します。

第4章 オンライン教室を活用しよう

テクニック メンションは強調表示される

メンションは、他の生徒には普通のメッセージと同じように表示されますが、メンションで指定されたメンバーには、自分の名前の部分が赤く強調された状態で表示されます。また、メンションで指定されたメンバーには、通知やメールも送信されるため、かなり高い確率でメッセージを読んでもらうことができます。

メンションされたメッセージは「@」マークが表示される

2 メッセージを送信する

1 メッセージ内容を入力

2 ［送信］をクリック

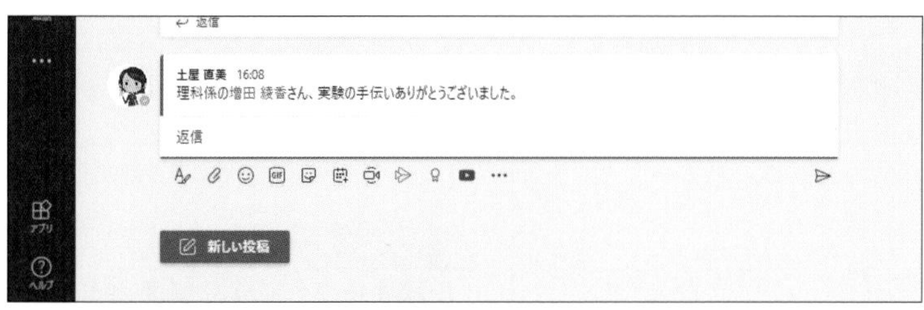

特定の生徒向けにメッセージが投稿された

HINT! @メンションされたメッセージも全員に表示される

メンションは、指定したメンバーだけに送信するプライベートなメッセージではありません。テクニックのようにメッセージが強調表示されたり、指定したメンバーに通知が送信されるだけで、投稿したメッセージはチャネルのメンバー全員が参照できます。プライベートなメッセージを送信したいときは［チャット］を利用します。

Point 確実にメッセージを届ける

メンションを使うと、指定した相手に通知が送信され、メッセージでその相手の名前が赤く強調表示されます。このため、特定の相手にメッセージを読んでもらえる可能性が高くなります。たとえば委員や係の生徒に仕事をお願いしたり、面談の時間を確実に生徒に伝えたりと、相手を確実に指定してメッセージを伝えたいときに利用するといいでしょう。

レッスン

22 ファイルを投稿するには

ファイルの投稿

[投稿] には、メッセージだけでなく、ファイルを投稿することもできます。生徒に見て欲しいファイルや課題などで使うファイルを投稿してみましょう。

1 メッセージを作成する

レッスン⑱を参考に新しいメッセージを作成しておく

1 メッセージを入力

2 [添付]をクリック

ファイルを選ぶメニューが表示された

3 [コンピューターからアップロード]をクリック

キーワード

チーム	p.182
メッセージ	p.183

ショートカットキー

Ctrl + O ……ファイルを添付

HINT!

メッセージも入力しよう

ファイルを投稿する際、メッセージは必須ではありません。ファイルだけを単体で投稿することもできます。ただし、ファイルだけ送られても生徒は何をすればいいのかがわかりませんので、必ずメッセージを入力するようにしましょう。

HINT!

画像やテキストファイルなども送れる

ここではPowerPointのファイルを送信しましたが、同様にWordやExcelのファイルはもちろんのこと、画像ファイルやテキストファイル、PDFファイルなどを投稿することもできます。

HINT!

ドラッグ＆ドロップもできる

手順1の画面でメッセージ欄にファイルをドラッグ＆ドロップすることでも投稿できます。

間違った場合は？

投稿するファイルを間違えたときは、投稿されたファイルの右側にある [×] をクリックして削除します。

2 ファイルを投稿する

［開く］画面が表示された

1 投稿するファイルをクリック

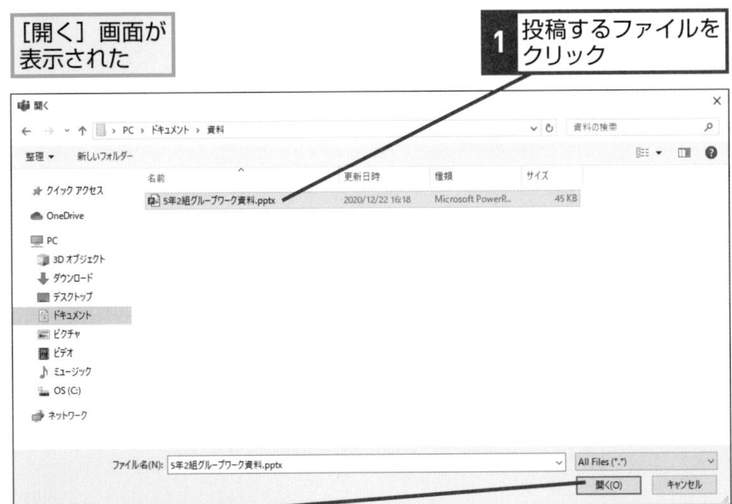

2 ［開く］をクリック

ファイルがメッセージに添付された

3 ［送信］をクリック

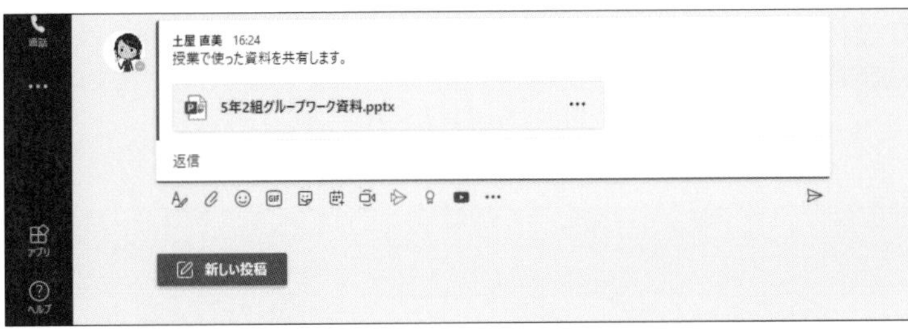

ファイルが投稿された

HINT! Teams上でファイルを開ける

投稿されたファイルは、Teams上で直接開くことができます。メッセージ欄でファイルをクリックするだけで、すぐにTeams上で閲覧したり、編集したりできます。また、チームの［ファイル］タブから、過去に投稿されたすべてのファイルを一覧表示することもできます。

Teamsの中でPowerPointの資料などを開ける

Teamsで共有されたファイルを一覧から選べる

Point 会話の流れでファイルを共有できる

Teams for Educationでは、メッセージをやり取りする流れの中で、一緒にファイルも共有することができます。共有されたファイルは、そのままTeams上で表示したり、編集したりできるので、会話の流れを切ることなくファイルの情報を扱えます。メッセージにファイルが埋もれてしまう心配もありません。［ファイル］タブで過去に投稿されたファイルをいつでも一覧表示できます。

この章のまとめ

生徒と一緒に使い方を覚えよう

今までの章と違って、この章で紹介した［投稿］の使い方は、先生ひとりだけでは慣れるのに時間がかかります。学校行事やクラスの催し物など、生徒が興味を持ちそうなチャネルを新たに作成し、そこで生徒と一緒に自由なコミュニケーションを楽しみながら使い方を覚えていくといいでしょう。ただし、あまり生徒の自由にすると、話題が荒れたり、ゴールが見えなくなってしまいます。ある程度の秩序を維持しながら、会話の流れをうまくリードすることを心がけましょう。

使いながらやり取りになじんでいこう

生徒と一緒にチャットをしながらお互いに操作を覚えよう

第5章 オンライン授業を始めよう

Teams for Educationを使ってオンライン授業をしてみましょう。パソコンのカメラとマイクを利用することで、オンラインでも教室にいるときと同じように映像や音声を使って授業をすることができます。

●この章の内容

レッスン

23 授業の予定を登録するには

予定表

オンライン授業を始めましょう。まずは、授業の予定を作成します。オンライン授業を開催するときは、Teams for Educationの［会議］を利用します。

1 予定表を表示する

1 ［予定表］をクリック

予定表が表示された

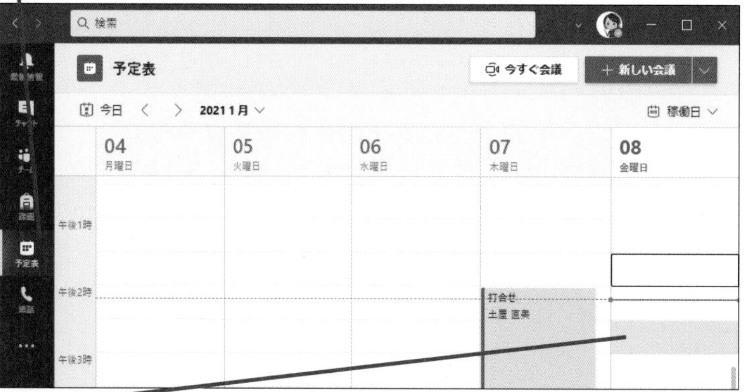

2 授業を行う時間をクリック

2 予定を入力する

［新しい会議］画面が表示された

1 授業の名前を入力

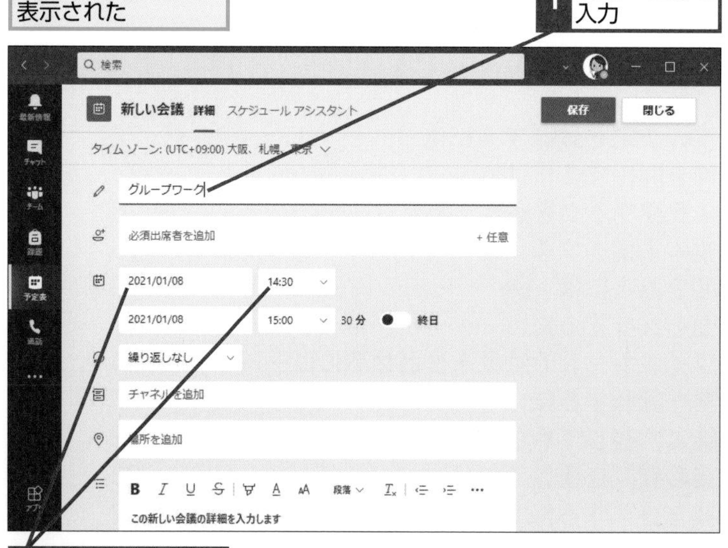

2 授業の時間を確認

キーワード

オンライン授業	P.180
予定表	P.183

ショートカットキー

Ctrl + 5 …… 予定表を開く

HINT!

授業の予定はチャネルでも設定できる

授業の予定は、［チーム］からも作成できます。オンライン授業をしたいチャネルを開いてから、右上の［会議］の隣にある下向きのアイコンをクリックし、［会議をスケジュール］をクリックすることで、はじめから対象のチャネルを選んだ状態で授業の予定を作成できます。

HINT!

［今すぐ会議］ですぐに授業を始められる

手順1の画面で［今すぐ会議］をクリックすると、予定を作成することなく、すぐに授業を始められます。ただし、参加者が設定されていないので、授業の開始後に参加者を追加する必要があります。参加者を指定した状態で、すぐに授業を開始したいときは、［チーム］画面から対象となるチャネルを選んだ状態で［今すぐ会議］をクリックしましょう。

間違った場合は？

間違った日時で予定を登録してしまったときは、手順3の下の画面で登録済みの授業をクリックして選択後、［編集］をクリックすることで修正できます。

3 予定を送信する

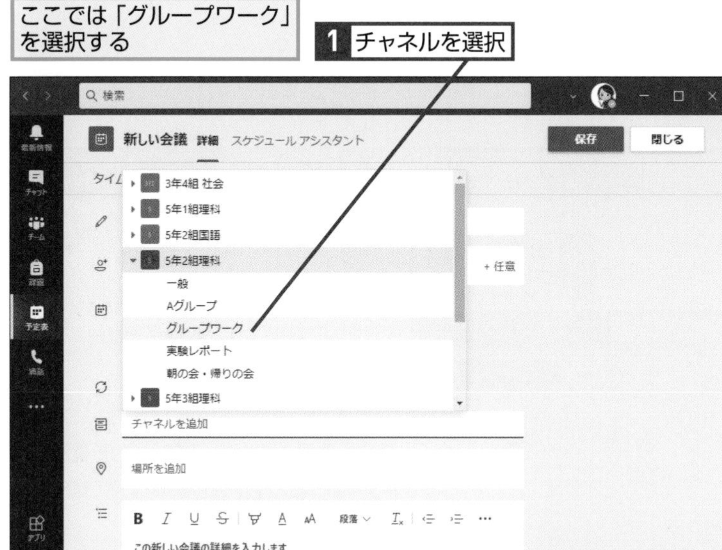

2 メッセージを入力

3 送信]をクリック

新しい会議 詳細 スケジュール アシスタント

送信

閉じる

タイム ゾーン: (UTC+09:00) 大阪、札幌、東京

グループワーク

必須出席者を追加

2021/01/08 14:30

2021/01/08 15:00 30 分 終日

繰り返しなし

5年2組理科 > グループワーク

場所を追加

グループワークを開催します。

予定が登録された

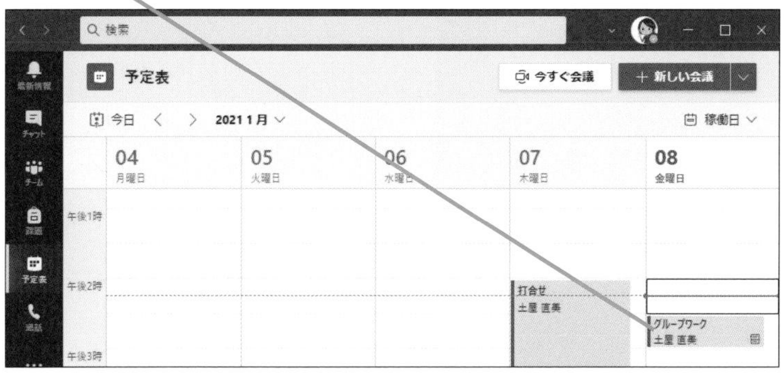

HINT! チームではなくチャネルを追加する

授業の予定は、チームではなく、チャネルを対象として設定します。授業の予定は、選択したチャネルにのみ通知されるので、オンライン授業に参加して欲しい生徒がメンバーとして登録されているチャネルを選んで予定を作成しましょう。チームのメンバー全員を対象としたいときは［一般］を選択しましょう。

HINT! 自動的に予定が登録される

授業の予定を作成すると、対象として選択したチャネルの［投稿］に作成した予定内容を参照するためのメッセージが自動的に投稿されます。また、同様に生徒の［予定］からも登録された授業の予定を参照できます。このため、別途、生徒に通知や案内をしなくてもオンライン授業の予定を通知できます。

Point チャネルを対象に予定を作成する

オンライン授業の予定を作るときのポイントは、対象として、授業をするクラスや科目のチャネルを対象として設定することです。こうすることで、オンライン授業の予定が自動的に投稿され、チャネルのメンバー（生徒）の予定表にも自動的に予定が登録されます。もちろん、参加者を個別に設定することもできますが、チャネルを対象として予定を作成した方が簡単です。

レッスン

24 授業を開始するには

ビデオ会議を開始する

作成した予定に従って、実際にオンライン授業を開催しましょう。カメラとマイクを使って授業をするので、事前に映像や音声を確認しておきましょう。

1 会議に参加する

予定表を表示しておく

1 授業の予定をクリック

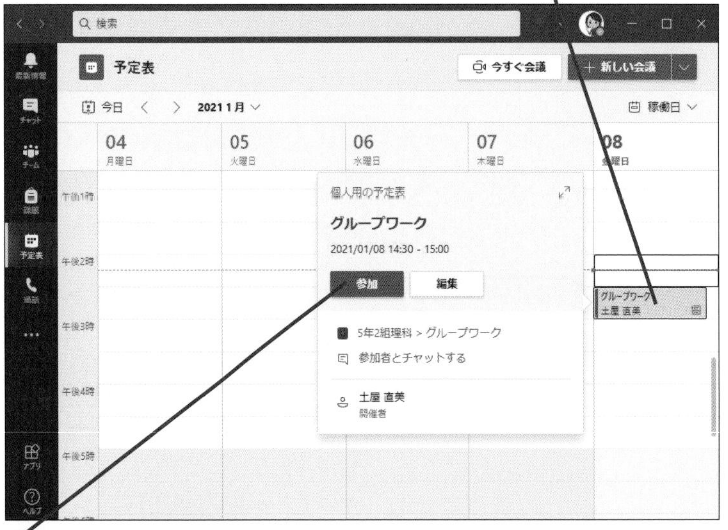

2 [参加]をクリック

ビデオ会議の設定画面が表示された

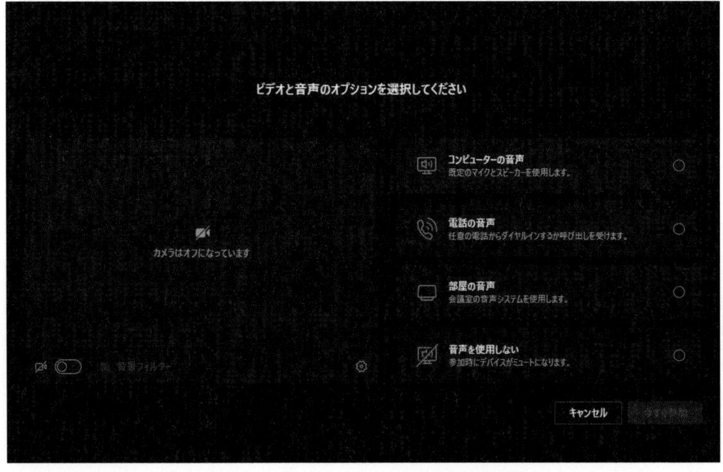

キーワード

オンライン授業	P.180
背景フィルター	P.182

ショートカットキー

Ctrl + 5 ……… 予定表を開く

HINT!

開始の10分前になると予定表に参加ボタンが表示される

授業の開催時刻が近づくと、予定表に登録された予定に［開始］ボタンが表示されます。このボタンをクリックしても授業を開始できます。

HINT!

授業の日程を変更したいときは

授業の日時を変更したいときは、［予定］から登録した授業の予定を選択して［編集］をクリックします。日時を変更後、［更新内容を送信］をクリックすると日時が変更されます。なお、生徒の予定表の日時やチャネルに投稿されている授業予定のメッセージの日時も自動的に変更されるので、生徒が日時を間違える心配もありません。

間違った場合は？

間違って授業の画面を閉じてしまったり、退出したりしてしまったときは、もう一度、カレンダーなどから参加し直します。

2 カメラと音声をオンにする

1 [カメラ]をクリック

カメラがオンになった

2 [コンピューターの音声]をクリック

マイクとスピーカーがオンになった

3 [今すぐ参加] をクリック

ビデオ会議の画面が表示された

HINT! 細かな調整は次のレッスンでする

ここでは、カメラ、マイク、スピーカーがオンになったことを確認して授業を開始しましょう。細かな調整については、次のレッスンで紹介します。

HINT! 背景フィルターは慎重に

手順2で、[背景フィルター] をクリックすると、人物の姿はそのままに、背景だけを別の画像に差し換えることができます。自宅などから参加する場合にプライバシーを守ることができます。ただし、この機能はパソコンの負荷が高くなるため、学校用のパソコンでは快適に利用できないことがあります。利用は慎重に検討しましょう。

Point オンライン授業は簡単

オンライン授業に必要な機能は、すべてTeams for Educationに含まれています。このため、複雑な設定をしなくても、すぐにオンライン授業を開始できます。開始時に必要なのは、カメラをオンにすることと、音声を扱うデバイスを選択することです。音声には、電話を使うこともできますが（Microsoft 365 Educationの契約や設定にも依存)、通常は［コンピューターの音声］を選択して、パソコンのマイクやスピーカーを利用します。

レッスン 25

カメラやマイクを設定するには

デバイスの設定

授業のスタイルに合わせてカメラやマイクの設定を調整しましょう。パソコンの目の前で話す場合と、黒板側で離れて話す場合で設定が変わります。

1 マイクとスピーカーを調整する

ビデオ会議の画面を表示しておく

1 [その他の操作] をクリック

2 [デバイスの設定] をクリック

[デバイスの設定] 画面が表示された

マイクに話しかけてスピーカーから聞こえる音量を確認する

元の表示に戻った

キーワード

オンライン授業	P.180
ミュート	P.183

ショートカットキー

Ctrl + Shift + M
……………………ミュートのオン/オフ

HINT!

マイクのボリュームを調整するには

マイクのボリュームは、Windows 10の設定画面から変更します。マイクの感度が低いときは、[サウンド] の設定画面で [入力] の項目にある [デバイスのプロパティ] をクリックします。ボリュームを左右にドラッグすることでマイクの感度を調整します。

1 [スピーカー] を右クリック

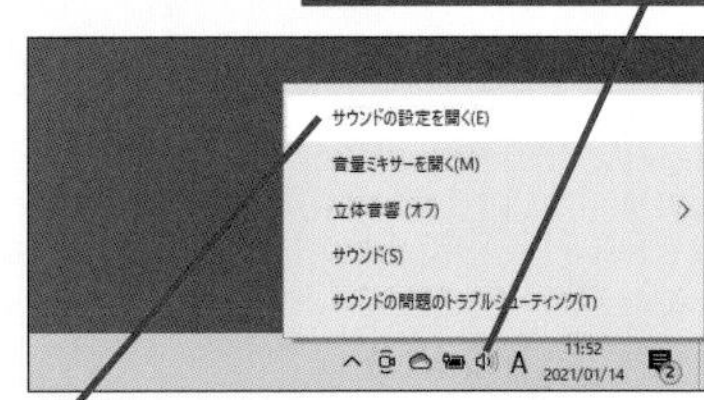

2 [サウンドの設定を開く] をクリック

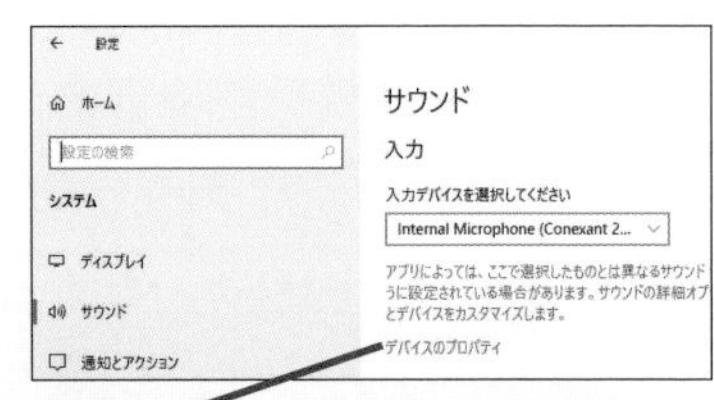

3 [デバイスのプロパティ] をクリック

マイクのボリュームを設定する画面が表示される

第5章 オンライン授業を始めよう

テクニック 環境に合わせて設定を変えよう

オンライン授業をするときは、周囲の環境にも注意が必要です。たとえば、窓の外からの光によって黒板が反射して見えにくくなったり、カメラの前に置かれた教材などで映像が見えにくくなったりすることがあります。また、校庭からの音声を拾ったり、外の車や工事の音が入り込んだりすることもあります。環境によっては、窓や扉を閉めたり、カーテンを閉めた環境でオンライン授業をすることも検討しましょう。

黒板に光が反射しないように注意する

カメラの前には物を置かない

映像はこのように表示される

2 カメラをオフにする

開始時間前に準備をするときはカメラをオフにしておくこともできる

1 [カメラをオフにする]をクリック

カメラがオフになる

Point 生徒の視点で調整しよう

通常のビデオ会議と違って、オンライン授業の場合は、先生がパソコンから離れて話す場合もあります。このため、実際に授業をするときの立ち位置に合わせて、カメラの方向やマイクの音量を調整する必要があります。生徒からの視点になって、自分の姿が見えているか？　黒板が判読できるか？　音声が大きすぎたり、小さすぎたりしないかを確認しましょう。

レッスン
26 授業の準備をするには

スポットライト

授業の開始直前になったら、最後の準備をしましょう。参加者を確認して生徒が全員そろっているかを確認したり、生徒側に表示される画面を固定したりします。

参加者を確認する

1 参加者を表示する

ビデオ会議を開始しておく

1 ［参加者を表示］をクリック

参加者の一覧が表示された

2 参加済みの生徒は［この会議で］に表示される

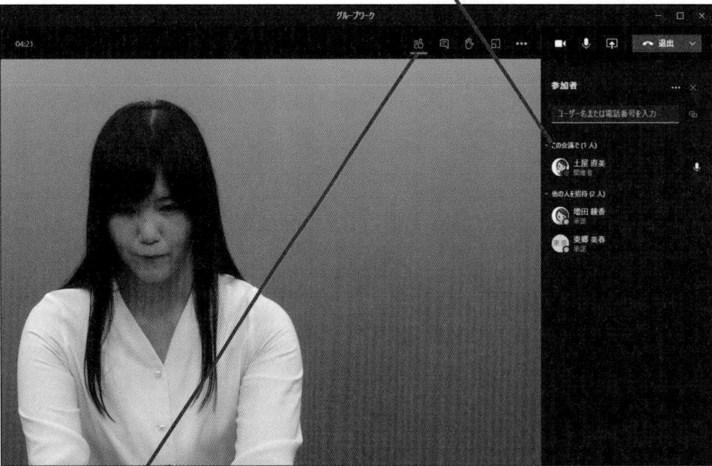

3 ［参加者を非表示］をクリック

参加者が非表示になった

キーワード

スポットライト	P.181
ラージギャラリー	P.183

ショートカットキー

Ctrl + Shift + M
……………………ミュートのオン/オフ

HINT!

ラージギャラリーや集合モードも使える

画面の表示方法にはいろいろなモードがあります。たとえば、［…］から［ラージギャラリー］を選ぶと生徒全員の映像を画面上に並べて表示することができます。また、［集合モード］を選択すると、普段、教卓から生徒を見ているときと同じように、生徒を同じ部屋に集めたときのような映像で表示することができます。

第5章 オンライン授業を始めよう

テクニック 生徒のマイクを強制的にミュートするには

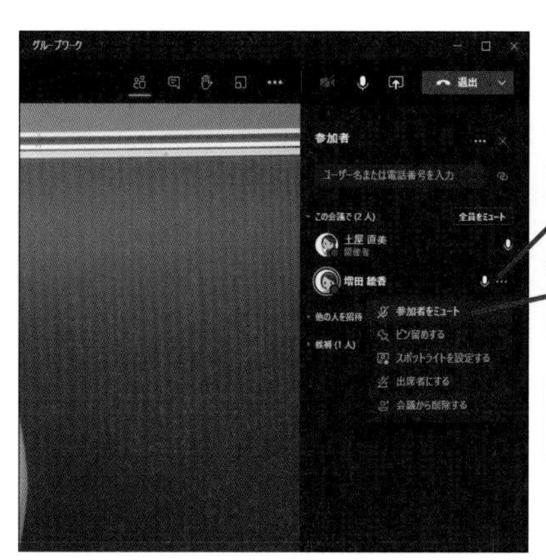

参加者を表示しておく

1 […]をクリック

2 [参加者をミュート]をクリック

初期設定では参加者は自分でミュートを解除できる

生徒のマイクの状態は、先生側の操作で強制的に変更することができます。次の画面のように参加者の一覧画面から、参加者ごとにミュートのオンオフを設定できるので、発言を止めたい場合は強制的にミュートしましょう。ただし、ミュートの解除は生徒自身でできるので、「普段はミュートで発言するときだけ解除」というオンライン授業のルールを決めて、クラス全員で守るようにするといいでしょう。

26 スポットライト

先生の画面を固定する

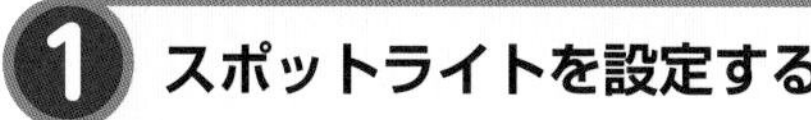

1 スポットライトを設定する

1 自分の名前にマウスカーソルを合わせる

2 […]をクリック

3 [自分にスポットライトを設定する]をクリック

自分の画面が生徒に大きく表示される

オフにする場合は[スポットライトを終了する]をクリックする

HINT!

生徒が自分でマイクをミュートにするには

マイクのオン/オフ(ミュート)は、手順1の画面で右上に表示されている[マイク]アイコンをクリックすることで、生徒が自分自身でミュートに設定することもできます。普段はミュートし、発言するときだけオンにするように、生徒に伝えておくとスムーズに授業ができます。

Point

スポットライトで自分の映像を固定できる

このレッスンで設定しているスポットライトの設定は、オンライン授業をする際に便利な機能です。Teams for Educationでは、標準では話している人の映像が自動的に大きく表示されますが、スポットライトを設定することで、すべての参加者の画面に指定された映像を大きく固定表示できます。また、ミュートの設定も大切です。普段は生徒のマイクをミュートにすることで、いろいろな発言が入り乱れることを防げます。発言するときだけ、その生徒のミュートを解除しましょう。

レッスン
27 出席をとるには
参加者を表示

チャットを使うと、オンライン会議中に参加者とメッセージをやり取りできます。チャットを使って、生徒の出欠を確認してみましょう。

1 チャットを表示する

ビデオ会議を開始しておく

1 [会話の表示]をクリック

[会議チャット]画面が表示された

2 メッセージを入力する

ここでは「いいね！」の数で出席を数えるためリクエストする

1 メッセージを入力

2 [送信]をクリック

キーワード

HINT!
生徒からはどう見えるの？

この章では、先生から見た画面や操作のみを紹介しています。生徒のパソコンで、どのようにオンライン授業の様子が表示されるのかや出席にどう答えればいいのかは、第7章で解説していますので、そちらを参照してください。

HINT!
メッセージに［いいね!］をするには

チャットのメッセージには、文字や音声で返答するだけでなく、［いいね！］で反応することもできます。チャット欄でいい意見を見つけた場合は、メッセージにマウスカーソルを合わせ、表示されたアイコンの中から［いいね！］を選択しましょう。

3 [いいね!] の数を数える

[会議チャット] 画面にメッセージが表示された

生徒からの返信を待つ

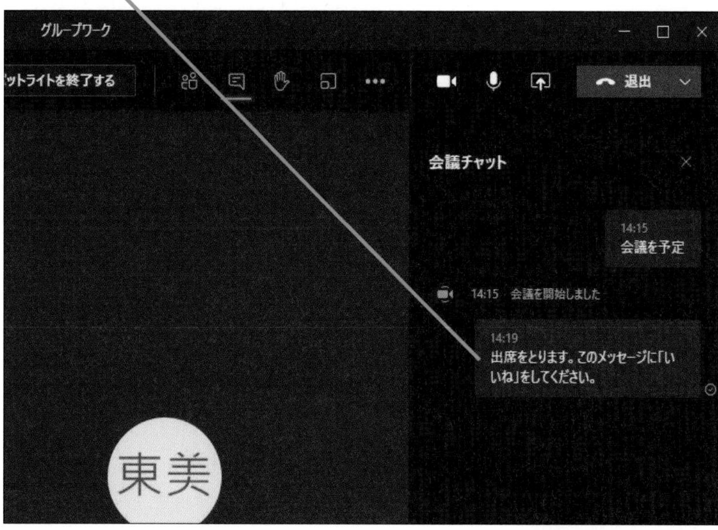

生徒からメッセージに[いいね!]の反応があった

1 参加者の数を確認する

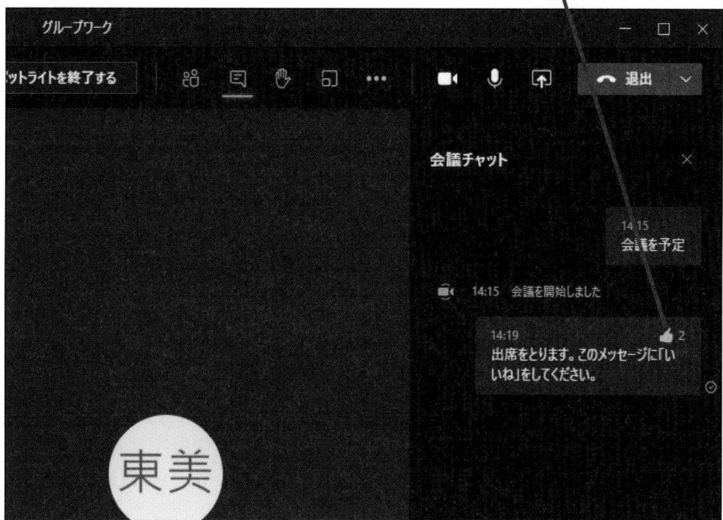

HINT! 誰が [いいね!] したかがわかる

手順3の下の画面で、[いいね!] アイコンにマウスカーソルを合わせると、[いいね!] をしたユーザーの一覧を確認できます。ここでは、[いいね!] を使って出欠を取っていますので、現在出席している人を参加者画面だけでなく、ここでも確認できます。

HINT! チャットの内容はチャネルから参照できる

チャットに書き込まれたメッセージは、後からチャネルの [投稿] 欄から確認できます。このため、オンライン授業を欠席した生徒も後から映像や音声だけでなく、チャットの内容も確認できます。

Point 使い方に慣れる工夫をしよう

ここでは、チャットと [いいね!] を使って出欠を確認してみました。このように、Teams for Educationの機能を実際の授業に当てはめて、いろいろな機能の使い方に慣れるように工夫するといいでしょう。もちろん、チャットは授業中の質問を受け付けたり、生徒から意見を募ったりするすのに使えます。映像や音声を遮ることなく、生徒がいつでも発言できるので、普段、手を上げる機会が少ない生徒でも使いやすいでしょう。授業時間内に回答できなかった場合でも、後から[チャット]を使って回答できます。

レッスン

28 画面を共有するには

コンテンツを共有

授業で使う資料を共有してみましょう。ここでは、PowerPointで作成した資料を生徒全員の画面に表示します。スライドをめくりながら授業を進めましょう。

1 コンテンツを選択する

ビデオ会議を開始しておく

1 [コンテンツを共有]をクリック

[共有オプション]が表示された

ここではPowerPointのスライドを共有する

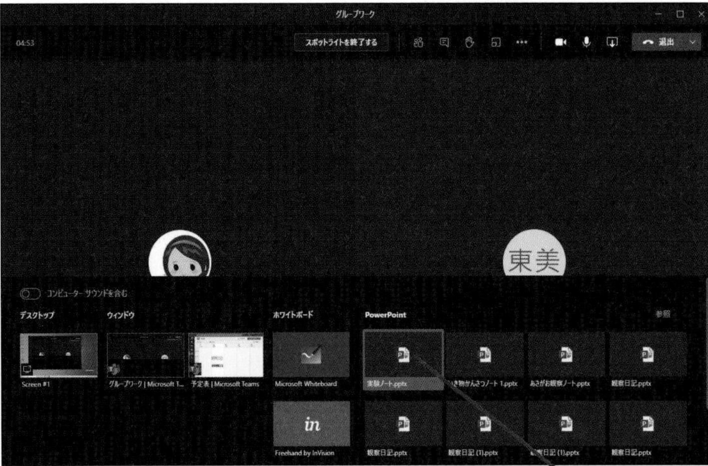

HINT!を参考に共有するファイルをアップロードしておく

2 共有するコンテンツをクリック

キーワード

ショートカットキー

Ctrl + Shift + E
……………… 画面の共有を開始する

HINT!

ファイルをアップロードするには

手順1の下の画面に表示されるファイルの一覧は、Teams for Educationの[ファイル]の[最近使ったアイテム]に表示されるファイルとなります。このため、一覧からファイルを選ぶには、レッスン㉒を参考に、あらかじめ授業で使うファイルをチャネルにアップロードしておく必要があります。

HINT!

ブレークアウトルームでグループ作業もできる

Teams for Educationには、開催中の会議を分割して、グループごとに別々の会議をする［ブレークアウトルーム］という機能を搭載しています。この機能を使うと、はじめにグループワーク用のオンライン授業を開始し、そこで全体説明やグループ分けをした後、各グループのブレークアウトルームに移動してグループごとの相談をしてもらうことなどができます。便利な機能なので活用してみましょう。ブレークアウトルームは、手順1の画面で、上部に表示されている［ブレークアウトルーム］アイコンから設定できます。

2 コンテンツを表示する

PowerPointのスライドが表示された

1 ここをクリックしてページを進める

スライドをすべて表示した

2 [発表を停止]をクリック

終了を確認する画面が表示された

3 [発表を停止]をクリック

発表を停止しますか?

すべてのプレゼンテーションを終了します。発表者を切り替えるには、キャンセルを選択して、次のユーザーが制御できるようにします

キャンセル　発表を停止

画面の共有が終了し元の画面が表示される

HINT! 動画や音声データを流したいときは

資料映像やインタビュー音声などを共有したいときは、手順1の下の画面で［コンピューターサウンドを含む］をオンにします。これで、動画や音声データのサウンドが生徒にも聞こえるようになります。

HINT! ウィンドウやアプリも共有できる

ここではファイルを指定して共有しましたが、パソコン上で開いているアプリのウィンドウやデスクトップ全体を共有することもできます。手順1の下の画面で、デスクトップ、またはウィンドウの一覧から共有したいアプリのウィンドウを選択しましょう。先生のパソコンにしかないファイルを共有したい場合は、そのファイルを開いたアプリの画面を共有します。

間違った場合は？

目的のファイルが見当たらない場合は、［参照］をクリックしてファイルを指定しましょう。

Point ファイルやアプリを使って授業できる

Teams for Educationでは、PowerPointの資料を使って授業をすることもできます。共有したいファイルやアプリを選ぶだけで、生徒全員の画面に共有したアプリが表示されるので、簡単に資料を見せながら授業をすることができます。なお、生徒に資料を配付したいときは、授業前、もしくは授業後にチャネルにファイルを投稿するといいでしょう。

レッスン 29

ホワイトボードで意見をまとめるには

ホワイトボード

黒板の代わりにホワイトボードを使って図やイラストを共有してみましょう。先生だけが描くこともできますが、生徒と一緒に共同作業をすることもできます。

1 コンテンツを選択する

ビデオ会議を開始しておく

1 [コンテンツを共有] をクリック

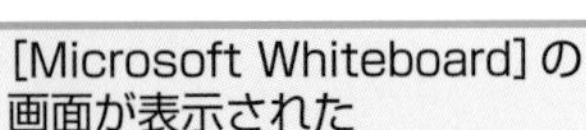
2 [Microsoft Whiteboard] をクリック

[Microsoft Whiteboard] の画面が表示された

3 ここをクリック

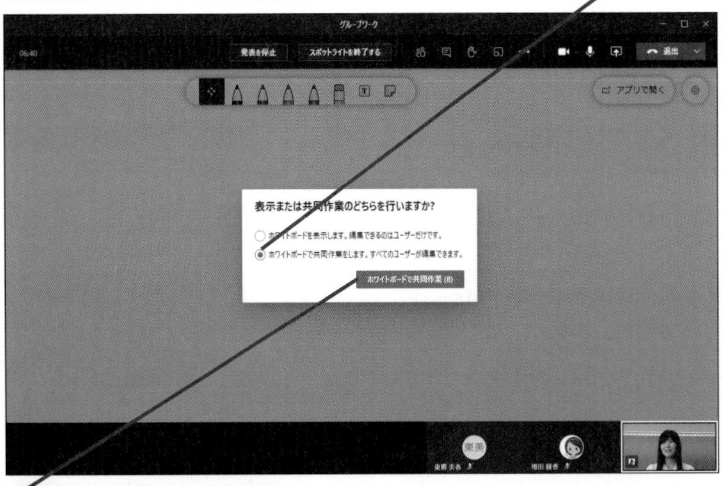

4 [ホワイトボードで共同作業] をクリック

キーワード

タッチパネル	P.182
ホワイトボード	P.183

ショートカットキー

Ctrl + Shift + E
……………… 画面の共有を開始する

HINT! タッチパネルに直接描ける

タッチ対応のディスプレイを搭載したパソコンを使っているときは、画面上に直接イラストや文字を描くことができます。指またはペン（パソコンに対応したもの）を使って描くといいでしょう。

HINT! マウスでも描ける

タッチ操作に対応していないパソコンの場合は、マウスを使ってイラストや文字を描くことができます。ただし、マウスは操作が難しいので、細かな描画をしたいときはタッチ操作に対応したパソコンを使った方が便利です。

間違った場合は？

手順1の下の画面で共有方法を間違えてしまったときは、右上の［設定］をクリックし、［他の参加者が編集できます］の設定をオンまたはオフに切り替えます。

② 共同作業を行う

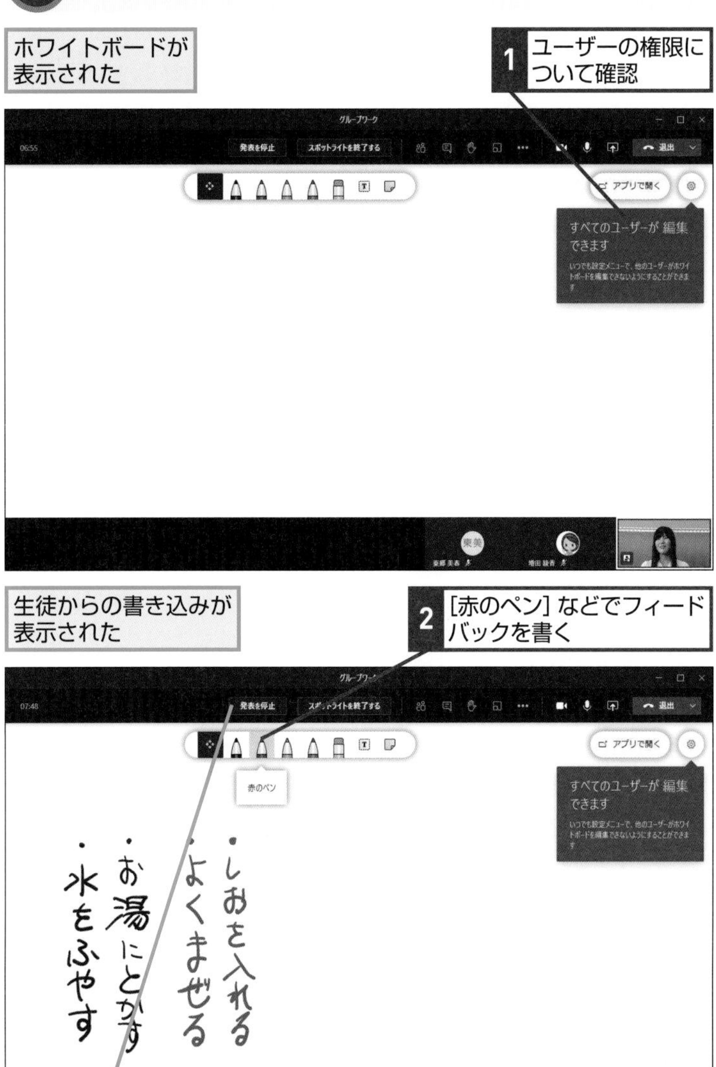

HINT! 黒板の代わりに使うには

ここでは生徒にも描画を許可することで、共同作業をする方法を紹介しましたが、手順1の下の画面で［ホワイトボードを表示します。編集できるのはユーザーだけです。］を選択すると、先生のみがホワイトボードに描き込めます。黒板のように使いたいときは、この方法で共有するといいでしょう。

HINT! 描いた内容を消すには

書いた内容を消したいときは、［消しゴム］を使います。画面上部のペンの一覧から［消しゴム］を選択し、消したい部分をクリックしましょう。なお、部分的に消去されるのではなく、ストロークごとに消去されます。

HINT! 内容を保存したい場合は

描いた内容を保存したいときは、右上の［設定］アイコンをクリックし、画像（PNG）をエクスポートをクリックします。［ダウンロード］フォルダーに［Whiteboard.png］というファイルが保存されるので、それをチームに投稿するなどして共有します。

Point 黒板代わりに使える

ホワイトボードは、手書きの文字やイラストを簡単に共有できるアプリです。黒板のように使って説明したいときに活用するといいでしょう。先生だけで無く、生徒が描き込むこともできるので、計算問題を解いてもらったり、一緒にアイデアを出しながら情報を整理していくことなどもできます。いろいろな使い方ができるので授業に合わせて工夫して使ってみるといいでしょう。

レッスン

30 授業を録画するには

レコーディング

オンライン授業の映像や音声を録画して保存しておきましょう。録画したデータは後から簡単に参照できるので、欠席者が参照したり、復習に使ったりできます。

1 録画の準備をする

ビデオ会議を開始しておく

1 […] をクリック

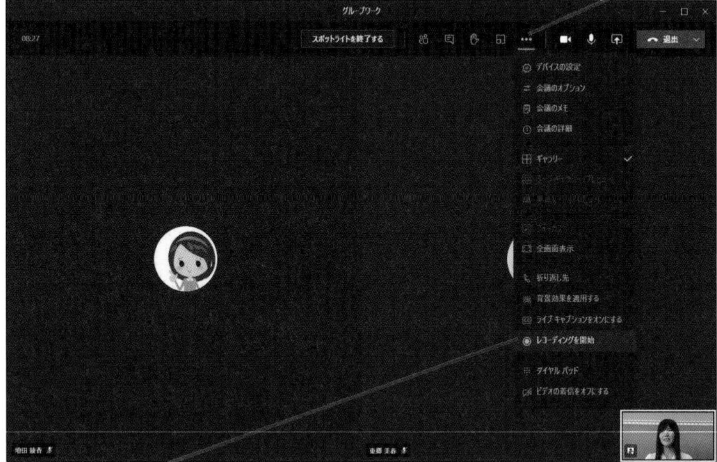

2 [レコーディングを開始]をクリック

プライバシーポリシーについての確認事項が表示された

3 参加者全員に録画していることを連絡する

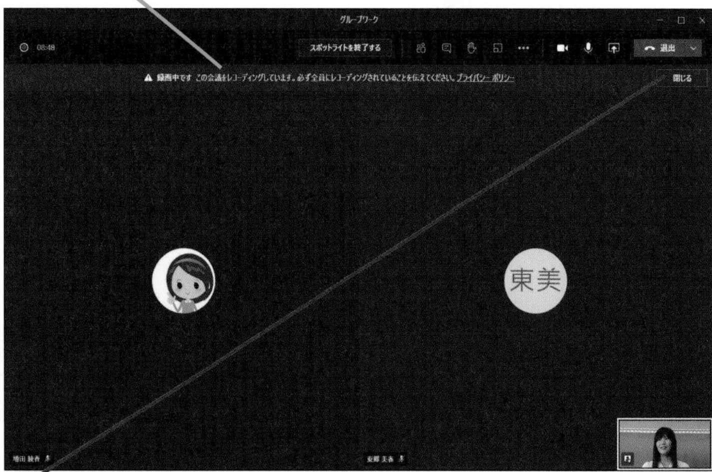

4 [閉じる]をクリック

キーワード

HINT! 映像や音声、資料が記録される

レコーディングで記録されるのは、映像や音声、共有されたPowerPointの資料の映像などです。ホワイトボードなど一部のアプリの画面は録画することができません（操作中の音声は記録される）。すべての情報が記録されるわけではないので注意しましょう。

HINT! プライバシーポリシーを確認しておこう

手順1の下の画面で、表示されたメッセージの［プライバシーポリシー］をクリックすると、記録されたデータをマイクロソフトがどのように保管し、どのような目的で利用すかを確認できます。事前に目を通しておくといいでしょう。

間違った場合は？

レコーディングを開始し忘れた場合、レコーディング前の映像や音声は記録できません。記録として残しておく必要がある重要な情報は、レコーディング開始後にもう一度、話すか、チャネルにメッセージとして投稿しておきましょう。

❷ 授業を録画する

録画が開始した

1 経過時間を確認

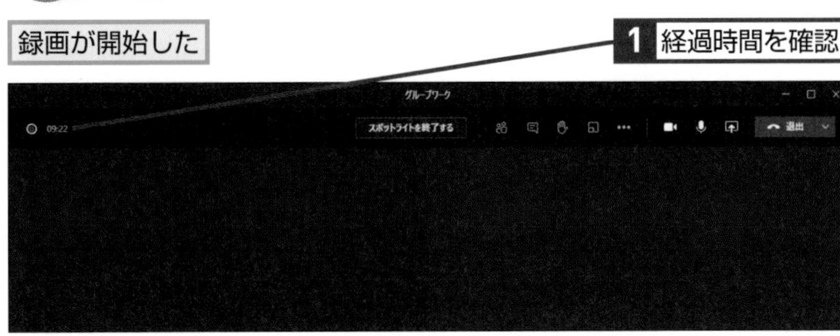

❸ 録画を終了する

録画したい内容が終了した

1 […] をクリック

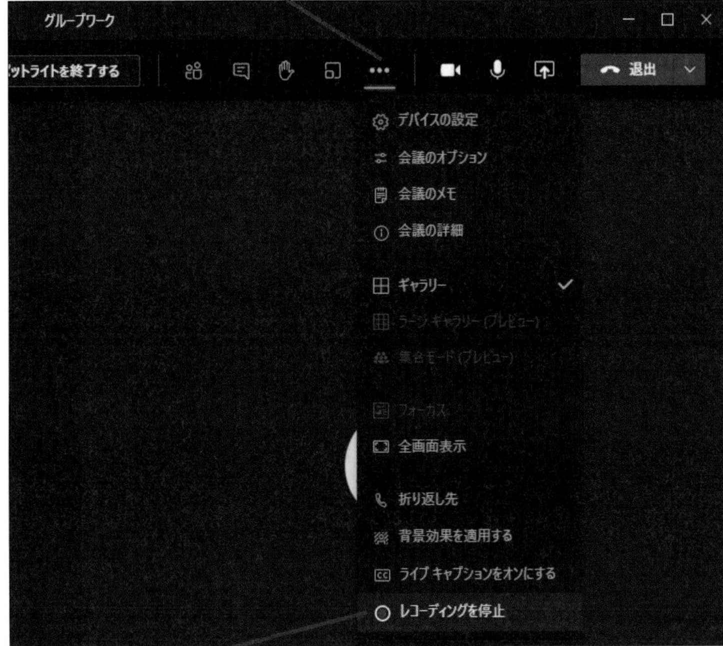

2 [レコーディングを停止]をクリック

録画終了を確認する画面が表示された

3 [レコーディングを停止]をクリック

レコーディングを停止しますか?

この会議は録音されています。停止しますか?

キャンセル　レコーディングを停止

HINT! 映像を確認するには

レコーディングされた映像データは、終了後に自動的にチャネルに投稿されます。このため、オンライン授業に欠席した生徒もチャネルから映像をクリックすることで同じ内容を動画で見ることができます。

HINT! 授業を続ける場合はレコーディングを継続する

ここでは、レコーディングの終了方法を説明するために手順3でレコーディングを停止しています。そのまま授業を続ける場合は、手動で停止せずにレコーディングを続けましょう。オンライン授業を終了することで、自動的にレコーディングを停止することができます。

HINT! 生徒はレコーディングを開始できない

レコーディングを開始できるのは先生だけです。生徒は、レコーディング操作が許可されていないのでレコーディングをできません。

Point 忘れずにレコーディングしておこう

オンライン授業のレコーディングは、毎回オンにするのが理想的です。欠席した生徒が見られるだけでなく、参加済みの生徒も復習のためにもう一度見ることができます。また、自分の授業の記録として残しておくこともできます。手動でオンにする手間がかかりますが、忘れずにオンにしておくといいでしょう。

レッスン

31 生徒に回答してもらうには

チャットの活用

授業中に生徒とコミュニケーションできるようにしてみましょう。音声でやり取りすることもできますが、チャットを使って質問や回答をするといいでしょう。

1 チャットを開始する

ビデオ会議を開始しておく

レッスン㉗を参考に［会議チャット］を表示しておく

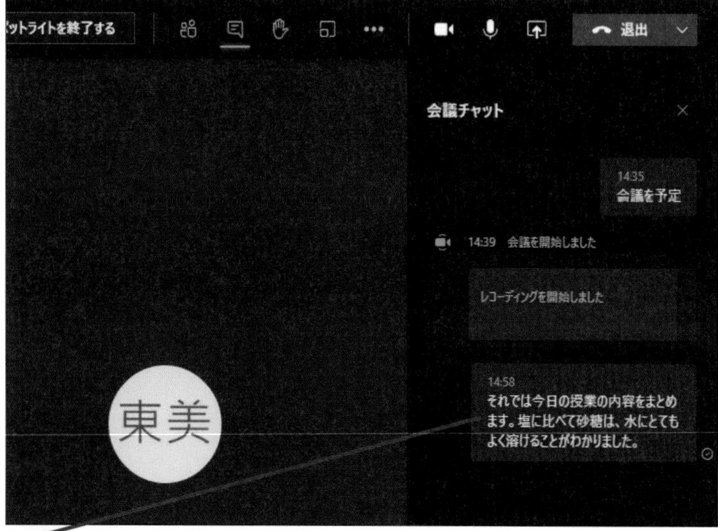

1 生徒に発言を促すメッセージを送信

生徒が入力し始めた

2 入力が終わるのを待つ

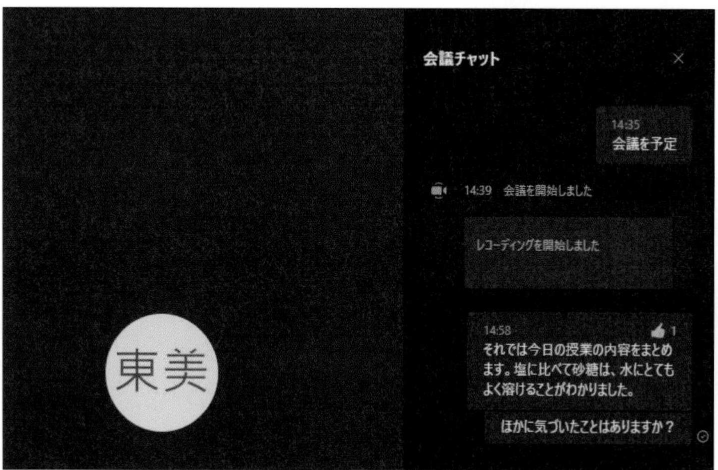

▶キーワード

チャット	P.182
手を挙げる	P.182
ミュート	P.183
メッセージ	P.183

HINT!

キーボードが苦手な子がいる場合は

チャットの場合、キーボードを使って文字を入力する必要があるため、キーボードが使えない学年や苦手な子どもがいる場合はあまり適していません。次のレッスンを参考に［手を挙げる］を使って生徒の意思を確認し、ミュートを解除して音声で発言してもらうといいでしょう。

HINT!

返信はケースバイケースで

生徒が入力したメッセージに対して、すべて返信するのが理想ですが、それをしていると授業が進まないことがあります。［いいね！］で反応したり、先生は音声で回答したりと、ケースバイケースで返信方法を使い分けるといいでしょう。

間違った場合は？

チャットの内容を間違えたときは、投稿したメッセージにマウスカーソルを合わせて［…］から［編集］をクリックすることでメッセージを修正できます。

2 生徒とやり取りする

生徒の入力が終わった

1 内容を確認

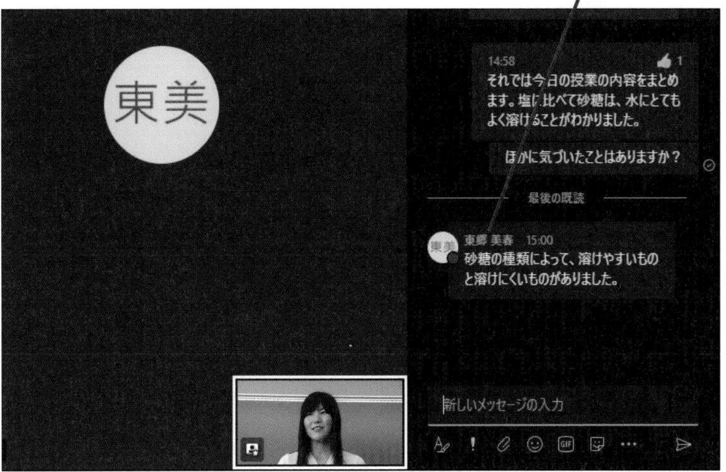

2 [いいね!]をつける

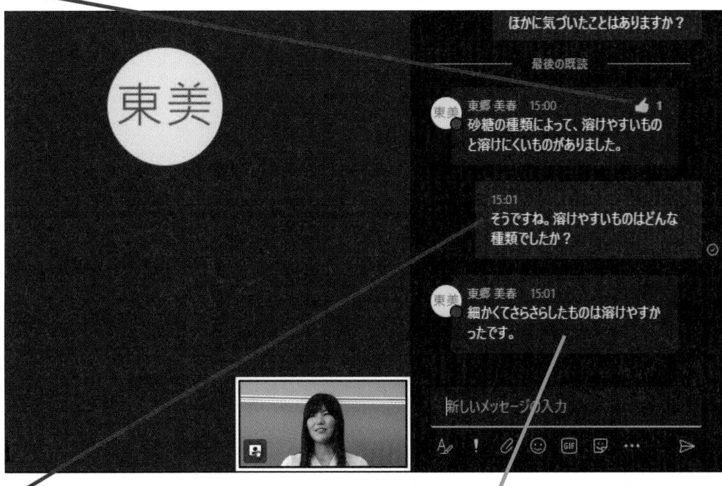

3 生徒へのメッセージを送信する

生徒からさらにメッセージが送信された

HINT! 生徒間でのコミュニケーションもできる

チャットは、先生と生徒だけでなく、生徒間のコミュニケーションにも利用できます。たとえば、投稿されたメッセージに対して、自分も賛成する場合は［いいね！］を付けるなどのルールを作ると、生徒のモチベーションが上がったり、意見の集約に役立ったりします。

HINT! メッセージは短く簡潔に

チャットのメッセージは、短く、完結に記入するように心がけるといいでしょう。長すぎると、生徒が読み切れなかったり、間違った解釈をしてしまったりする可能性があります。

Point 音声とチャットを使い分けよう

オンライン授業では、音声とチャットの2つの方法で生徒とコミュニケーションができます。基本的には音声を使いますが、生徒が多い環境では音声でのやり取りは時間がかかることがあります。チャットは、誰かが話している間でも平行して利用できるので、音声とチャットをうまく使い分けながら授業を進めましょう。先生が音声で問いかけて、生徒はチャットで返信するなどというように、それぞれが異なる方法を使ってコミュニケーションすることもできます。

レッスン
32 生徒の質問を受けるには

手を挙げる

オンライン授業中に、生徒からの質問を受けるにはどうすればいいのでしょうか？生徒が何か発言したいときは、［手を挙げる］を活用してもらいましょう。

1 生徒に挙手を求める

ビデオ会議を開始しておく

レッスン㉗を参考に［会議チャット］を表示しておく

1 生徒に挙手を促すメッセージを送信

レッスン㉖を参考にスポットライト表示をオフにしておく

生徒の一人が挙手した

ここでは生徒のミュートを解除して発言してもらう

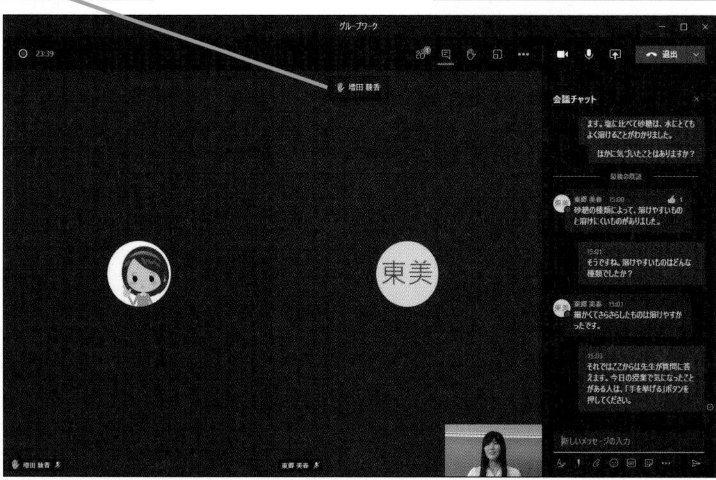

キーワード

手を挙げる	P.182
ミュート	P.183

ショートカットキー

Ctrl + Shift + M ……………… ミュートのオン/オフ

HINT!

誰が手を挙げているかは全員から見える

生徒の誰かが手を挙げると、そのことが先生だけでなく、他の生徒にも表示されます。名前も表示されるので、誰が手を挙げているのかがクラス全員にわかるようになっています。

HINT!

［参加者を表示］で挙手の状態を確認できる

生徒の誰かが手を挙げているときは、［参加者］のアイコンに、手を挙げている生徒の人数を示す小さなアイコンが表示されます。また、［参加者］を開くと、手を挙げている参加者の右側に手のアイコンが表示されます。なお、手を挙げたままにしている生徒がいるときは、右側の［…］をクリックして［手を下ろす］を選択すると先生の操作で手を下ろさせることができます。

間違った場合は？

間違って手を挙げてしまった生徒がいるときは、手を下げてもらうか、ヒントを参考に先生の操作で手を下げます。

第5章 オンライン授業を始めよう

2 生徒の質問に回答する

1 生徒を指名

生徒の質問が終わった

2 生徒の名前と質問事項をメッセージでも送信する

3 回答のメッセージを送信する

発言が終わった生徒には手を下げてもらう

HINT! 音声発言時に生徒のミュートを解除するには

生徒に音声で発言してもらうときは、生徒のミュートを解除する必要があります。レッスン㉖を参考に、先生の操作でミュートを解除するか、生徒に自分でミュートを解除してもらってから発言してもらいましょう。

HINT! やり取りの内容を記録すると便利

ここでは、生徒からの質問も、先生からの回答にもチャットを使いました。この方法は、時間がかかるのが欠点ですが、やり取りをチャットとして記録しておくことができるのがメリットです。後から、チャネルの[投稿] を参照することで、ここでやり取りしたチャットの内容をもう一度参照することができます。

Point オンライン授業のルールを決めよう

オンライン授業と言っても、その進め方は自由です。ここでは、一例として、[手を挙げる] を使って生徒に発言してもらう方法や、チャット欄を使って質問と回答する方法を紹介しましたが、授業のスタイルによっては、生徒にも自由に発言してもらったり、先生が音声で回答したりしてもかまいません。大切なのは、クラスのルールを作って、それを守るようにすることです。ある程度の試行錯誤が必要になりますが、クラスで話し合ってルールを決めるようにするといいでしょう。

レッスン

33 授業を終了するには

授業の終了

オンライン授業を終了してみましょう。いきなり終了するのではなく、終了のための準備や終了後の操作も必要です。これらの手順を確認しておきましょう。

1 生徒を退出させる

ビデオ会議を開始しておく

レッスン㉗を参考に［会議チャット］を表示しておく

1 授業終了のメッセージを送信

2 会議からの退出方法をメッセージで送信

生徒たちが退出した

キーワード

会議を終了	P.180
退出	P.182
ホワイトボード	P.183
レコーディング	P.183

HINT!

［参加者を表示］で参加者の状態を確認できる

生徒が退出したかどうかは、［参加者を表示］をクリックすることで確認できます。すべての生徒が退出したことを確認して授業を終了するといいでしょう。

HINT!

会議を終了するとTeamsの画面に戻る

会議を終了すると、手順4のようにTeams for Educationの画面に戻ります。レコーディングされた動画やチャットの履歴などが［投稿］にあることを確認しておきましょう。

2 録画を終了する

録画を終了する

1 […]をクリック

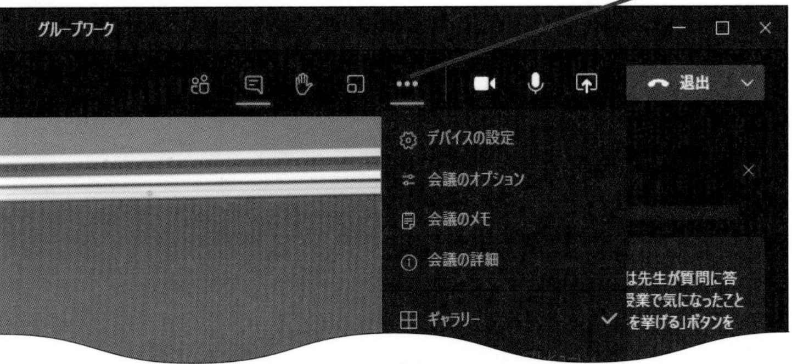

2 [レコーディングを停止]をクリック

録画終了を確認する画面が表示されるので[レコーディングを停止]をクリックする

3 授業を終了する

全員退出したことを確認しておく

1 [退出] のここをクリック

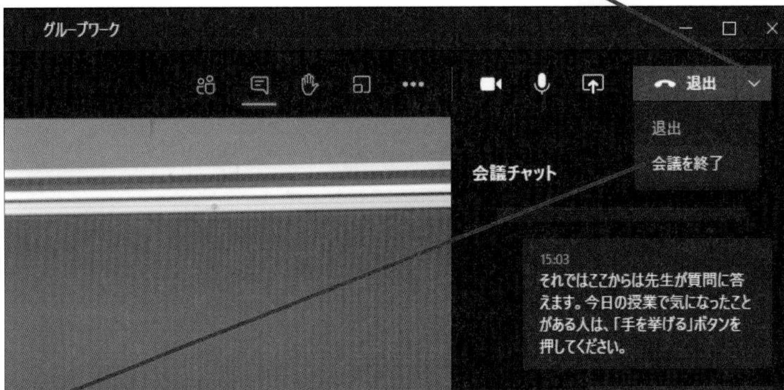

2 [会議を終了]をクリック

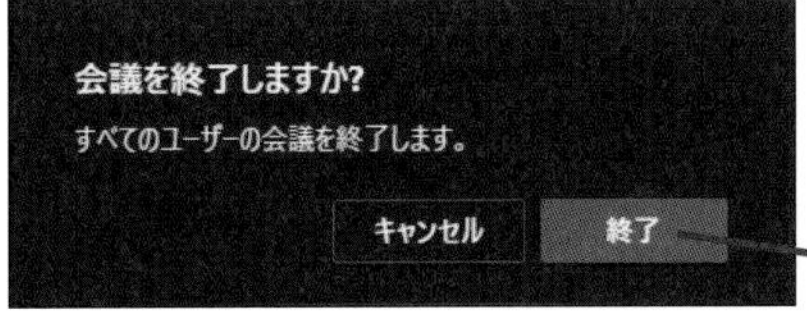

会議終了を確認する画面が表示された

3 [終了] をクリック

HINT! 会議を終了するとレコーディングも停止する

ここでは、レコーディングを終了してから会議を終了していますが、手順3で［会議を終了］を選択すると、同時にレコーディングも終了します。このため、通常はレコーディングを終了する必要はありません。たとえば、授業の終了後に、レコーディングを停止した状態で、生徒と雑談するなど、記録を残さない時間を作りたいときは、この手順のように事前にレコーディングだけを終了します。

間違った場合は？

手順3で［退出］を選択した場合、退出していない生徒が残っていると会議が継続します。もう一度、参加し直して、［会議を終了］を選択しましょう。

HINT! ［退出］と［会議を終了］は何が違うの？

［退出］は先生が会議から抜けるだけで会議そのものは継続します。たとえば、先生が退出した後、生徒のみで話し合いをしたいときなどは[会議を終了］ではなく［退出］を選択します。一方、［会議を終了］は生徒が残っているかどうかに関係なく、会議を強制的に終了します。

次のページに続く

4 板書の画像を選択する

板書を撮影して画像データをパソコンに保存しておく

授業のチャネルを表示しておく

1 レッスン⓲を参考に新しいメッセージを作成

2 [添付] をクリック

3 [コンピューターからアップロード]をクリック

[開く] 画面が表示された

4 板書の画像をクリック

5 [開く]をクリック

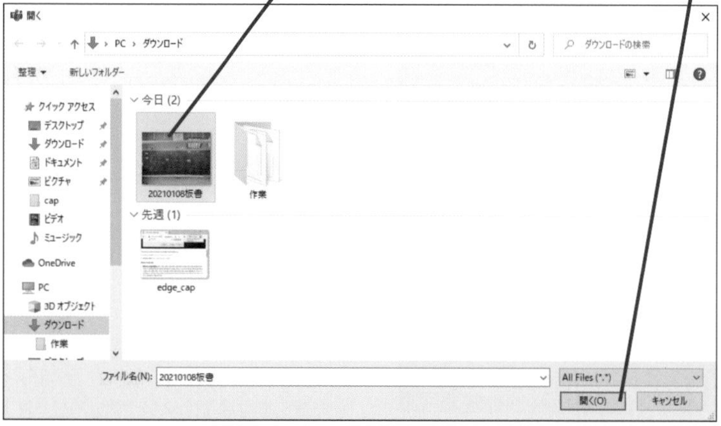

HINT! 複数ファイルを添付できる

手順4の操作を繰り返すことで、複数のファイルを添付することができます。ここでは板書を撮影した画像ファイルを添付しましたが、授業で使用したPowerPointの資料なども同様の手順で投稿できます。

HINT! 同じ名前のファイルがあるときは

チャネルに、すでに同じ名前のファイルが投稿されているときは、[このファイルはすでに存在します] と表示されます。[置換] をクリックして後から投稿するファイルに置き換えるか、[両方を保持] を選択して両方保存するか（後から投稿したファイルの名前に自動的に「(1)」と追加される)、[キャンセル] をクリックして投稿を中止するかを選択できます。

間違った場合は？

間違ったファイルをアップロードしてしまったときは、ファイル名の右側の [×] をクリックしてファイルを削除してから、もう一度、投稿し直します。

テクニック スマートフォンアプリを使いこなそう

撮影した画像をすぐにメッセージで送れる

あなた
12:11
1/8の板書を共有します。

返信

メッセージを入力

Teams for Educationは、基本的にパソコンで使いますが、スマートフォンにもアプリをインストールして同時に使ったり、用途によって使い分けるのがおすすめです。通知によって最新情報をすぐに手元で確認できるうえ、移動中などパソコンが使えない場所でもメッセージのやり取りや会議への参加ができます。また、スマートフォンのカメラを使って撮影した写真を投稿するなど、スマートフォンの携帯性を活かした使い方ができます。スマートフォンアプリは無料で利用できるので、ぜひ活用しましょう。

5 メッセージを送信する

板書の画像が添付された

1 [送信] をクリック

板書の画像が送信された

HINT! 録画とチャットを確認できる

手順4の画面のように、チャネルを指定して開催した会議では、[投稿] からレコーディングされた授業の動画と、授業中にやり取りされたチャットの内容を確認できます。動画をクリックすると、レコーディングされた授業を見直すことができます。

Point 授業後のフォローも忘れずに

オンライン授業が終わったら、授業で使った資料やホワイトボードの画像を忘れずにチャネルで共有しましょう。また、授業後の感想を尋ねるメッセージを投稿したり、生徒から投稿された質問のメッセージに回答するなど、授業後のフォローも忘れずにしましょう。

この章のまとめ

パソコンに慣れる環境作りを心がけよう

オンライン授業の目的は、教科ごとに定められた目標をオンラインでも達成できるようにすることですが、はじめての場合は、まずパソコンやTeams for Educationの使い方に慣れることを目標にするといいでしょう。本書では、チャットなどキーボードを使った操作を積極的に採り入れましたが、低学年の場合はキーボードを使いこなすことが困難です。音声でのやり取りを中心にオンライン授業を進めるなど、臨機応変な対応が必要です。また、オンライン授業をするだけでなく、レコーディングによって実施した授業を保管しておきましょう。生徒のために使えるだけでなく、他の先生の参考になるなど、学校の資産として活用できます。

生徒にあわせて授業を進めよう

生徒のパソコンのスキルにあわせてTeamsに慣れるところからはじめよう

第6章 Teamsをもっと授業に活用しよう

Teams for Educationには、授業をサポートするたくさんの機能が搭載されています。アンケートや課題、クイズ（小テスト）、成績などの機能を活用して、授業を円滑に進められるようにしてみましょう。

●この章の内容

レッスン

34 タブを使ってアプリを共有するには

タブを追加

Teams for Educationでは、必要に応じてチャネルにアプリのタブを追加できます。ExcelやWordなどはもちろんのこと外部のアプリも追加できるのが特徴です。

Excelファイルを共有する

1 タブを追加する

タブを追加するチャネルを表示しておく

1 [タブを追加]をクリック

[タブを追加] 画面が表示された

2 [Excel]をクリック

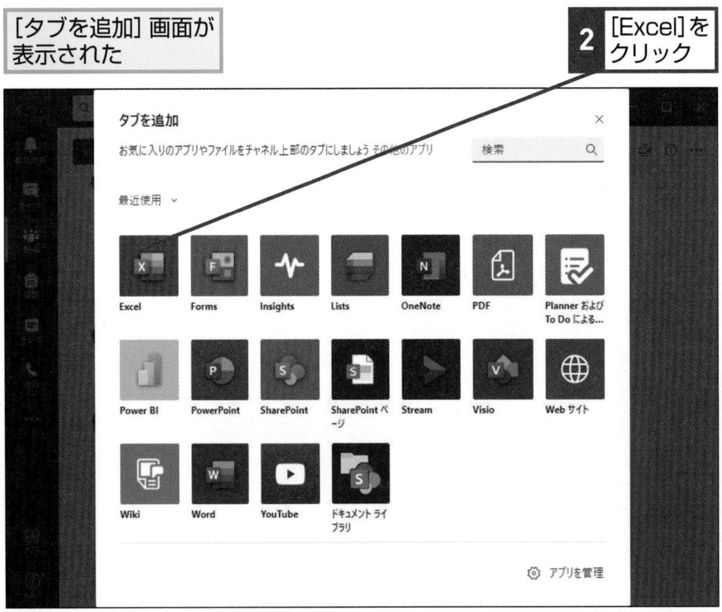

キーワード

クラスノートブック	P.181
クラスの資料	P.181
タブ	P.182
チャネル	P.182

HINT!

Excelのファイルをアップロードしておこう

[Excel] を追加すると、特定のファイルを常にチャネルのタブとして表示することができます。ファイルを指定して追加する必要があるため、開いておきたいファイルをあらかじめ[ファイル]にアップロードするか、[投稿] から添付しておきましょう。また、[新規] から空のファイルを新たに作成することもできます。

1 [ファイル]タブをクリック

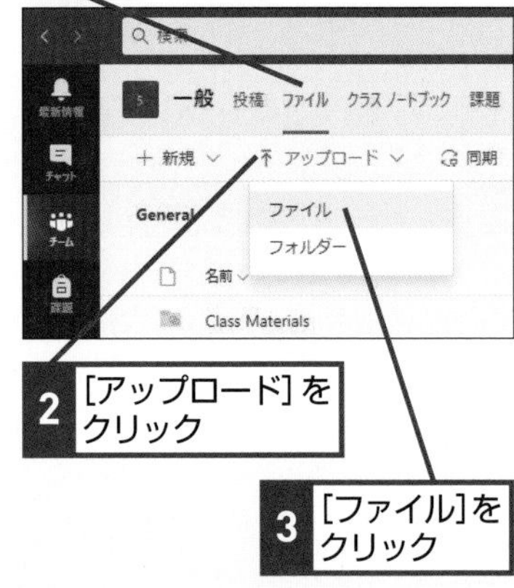

2 [アップロード]をクリック

3 [ファイル]をクリック

間違った場合は?

同じ名前のタブを追加することはできません。手順2ですでに [Excel] という名前のタブがある場合は、新しいタブを別の名前で追加します。

Teamsをもっと授業に活用しよう 第6章

2 Excelのファイルを開く

Teamsに保存されたExcelファイルの一覧が表示された

1 共有したいファイルをクリック

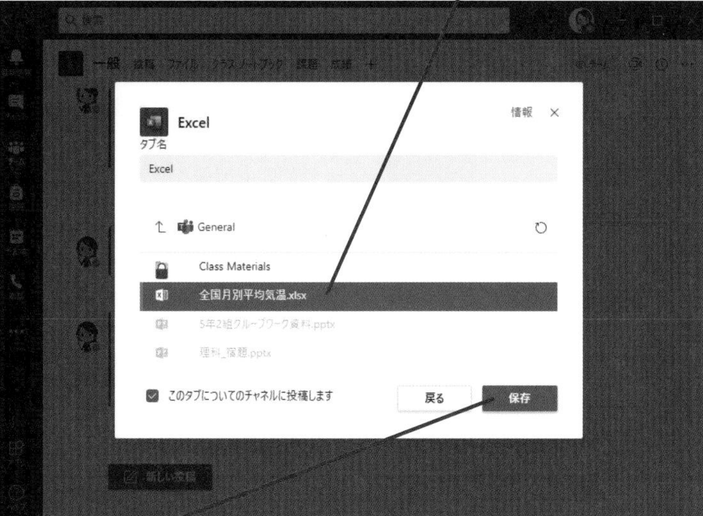

2 [保存]をクリック

TeamsにExcelのタブが追加された

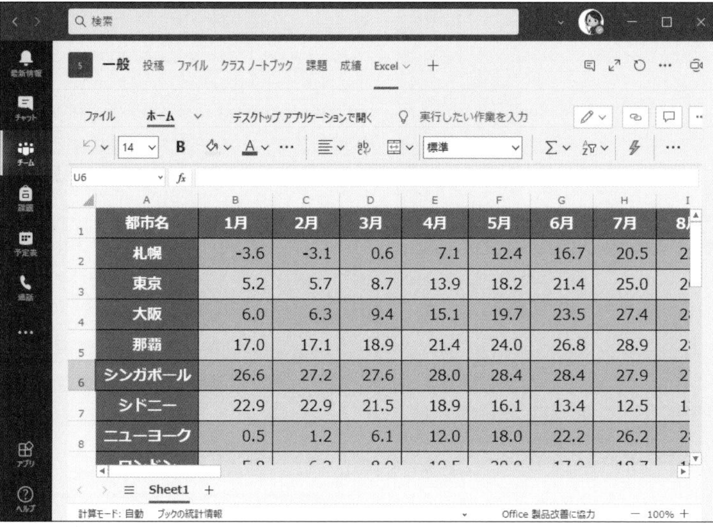

HINT! 生徒に編集させたくないときは

[一般] チャネルの [ファイル] には、[クラスの資料] という特別なフォルダーが自動的に作成されます。このフォルダーに保存したファイルは先生のみが編集でき、生徒は表示だけできます。生徒に編集されたくないファイルは、ここに保管してから、タブに表示しましょう。逆に、生徒と共同で編集したいファイルは、[クラスの資料] 以外に保管しましょう。

HINT! 別のチャネルのファイルも選べる

手順2でチャネル名の左側にある上向き矢印のアイコンをクリックすると、別のチャネルを指定してファイルを選択することもできます。

HINT! チャネルに通知される

手順2で [このタブについてのチャネルに投稿します] にチェックマークを付けたままにすると、チャネルにタブが追加されたことを通知するメッセージが自動的に投稿されます。これにより、生徒に新しいタブの存在が告知されます。

HINT! タブを削除するには

タブを削除したい場合は、タブを右クリックして [削除] を選びます。なお、タブを削除してもファイルは削除されません。同様に [名前の変更] を選択することで名前も変更できます。

次のページに続く

連絡用のノートブックを作成する

1 OneNoteをタブに追加する

［タブを追加］画面を表示しておく

1 ［OneNote］をクリック

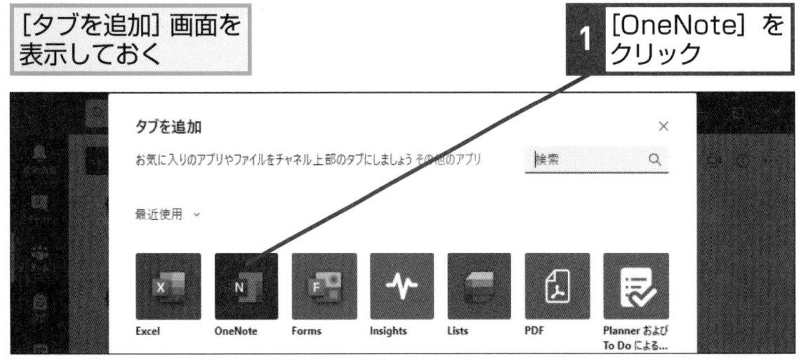

OneNoteの新規作成画面が表示された

2 「連絡用ノート」と入力

3 ［保存］をクリック

OneNoteのタブが追加された

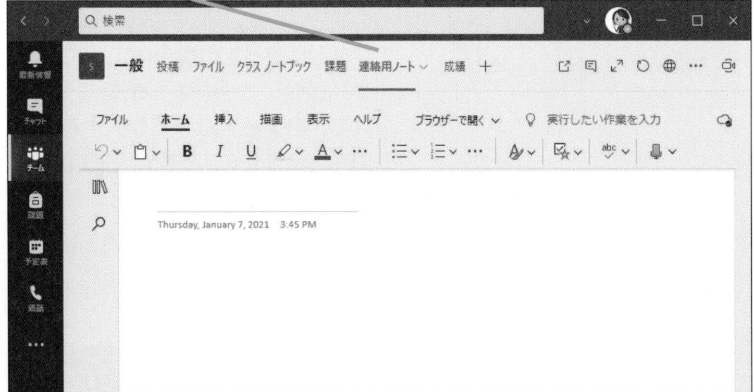

HINT!

OneNoteとは

OneNoteは、さまざまな情報を記録できるデジタルノートブックです。テキスト、画像、Webページ、ファイル、音声、動画など、さまざまな情報をまとめて1ページに保管できます。自由研究などで情報を集めて整理したり、グループワークで複数人で共同で情報を集めたりするときに活用すると便利です。

HINT!

作成したタブは［クラスノートブック］のセクションとして作成される

OneNoteのタブを追加すると、クラス用ノートブックの新しい「セクション」が作成されます。このため、新たに作成したタブ（セクション）は、手順2の下の画面のように標準で登録されているノートブックの中のセクションとして参照できます。

HINT!

セクションとページの違い

OneNoteでは、情報を階層的に管理します。「ノートブック」の中に「セクション」があり、「セクション」の中に「ページ」があるという本のような構造です。ノートブックはクラス（チーム）ごとに自動的に作成されるので、チャネルや目的ごとにセクションを作成して情報を管理します。ページは実際に情報を書き込むために利用し、情報ごとにページを分けて管理できます。

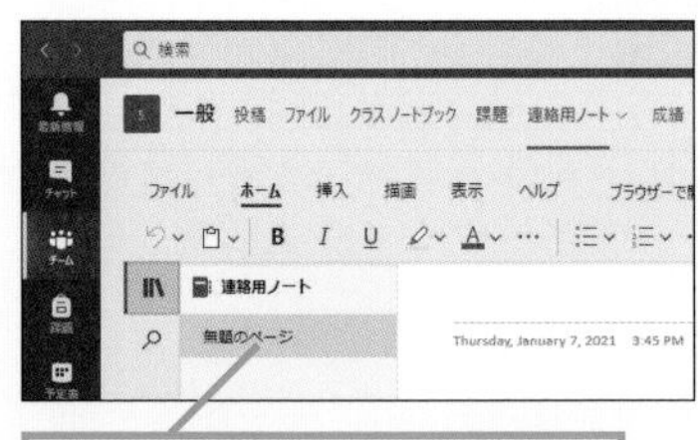

OneNoteのタブには無題のページが表示されている

2 ノートブックを確認する

1 [クラスノートブック]タブをクリック

[Class Notebook へようこそ]画面が表示された

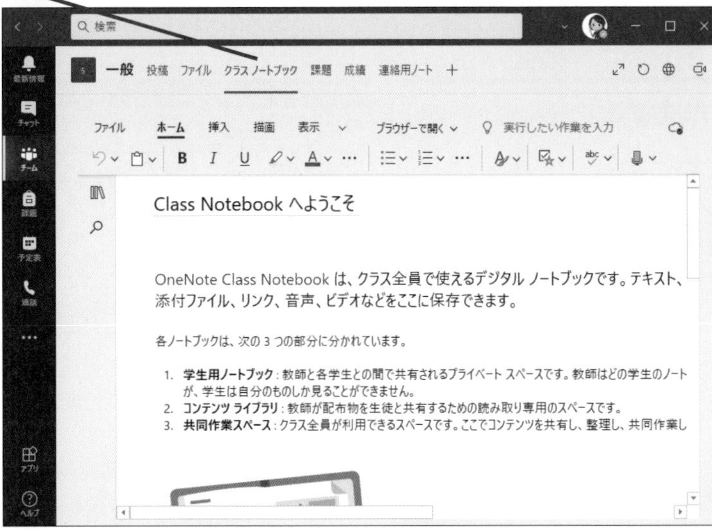

2 [ナビゲーションの表示]をクリック

3 [_Collaboration Space]をクリック

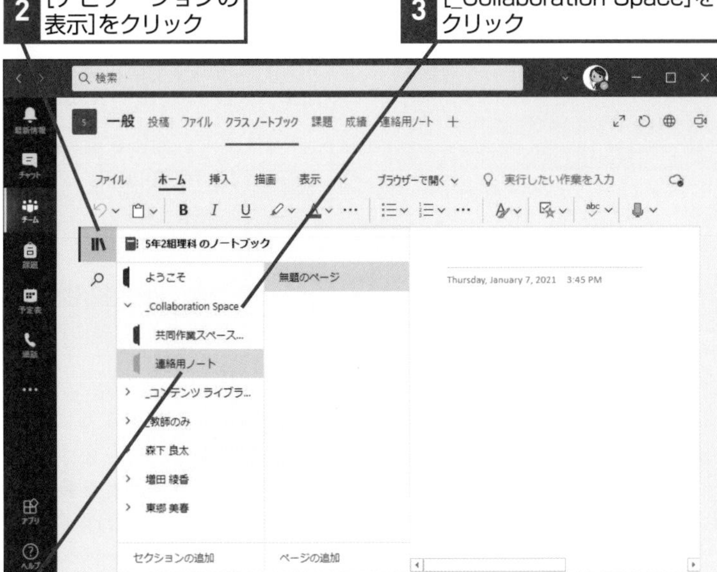

4 [連絡用ノート]をクリック

OneNoteで追加したタブと同じ内容が表示された

HINT! クラスノートブックの設定画面が表示されたときは

手順2でクラスノートブックの作成画面が表示されたときは、[OneNote Class Notebookの設定] をクリックして、新しいノートブックを作成します。

HINT! 生徒用のセクションを確認できる

OneNoteには、先生や生徒用の個人用セクションも自動的に作成されます。ここで課題やテストなどの情報を管理することができます。先生は、手順2の下の画面のように生徒の個人セクションを開いて、授業用ノートや課題ノートを確認することなどもできます。

Point いろいろな情報を共有できる

タブを利用すると、いろいろな情報をクラスで共有したり、共同作業をしたりすることができます。ここでは、ExcelとOneNoteを追加しましたが、ほかにもいろいろなアプリが用意されており、Webサイトを追加したり、YouTubeの動画を追加したりすることもできます。授業で使うさまざまな資料を追加しておくといいでしょう。

レッスン

35 グループワークをするには

モデレーター

Teams for Educationは、生徒同士が共同で作業するグループワークにも活用できます。グループごとのチャネルを作成し、モデレーターを指定しましょう。

1 グループごとのチャネルを作成する

グループワーク用のチャネルを追加しておく

1 チャネルを右クリック

2 ［チャネルを管理］をクリック

［チャネル設定］の画面が表示された

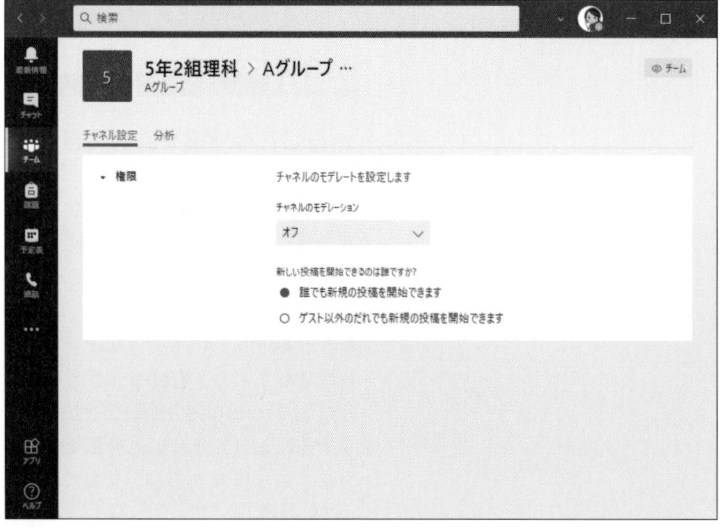

キーワード

グループワーク	P.181
チャネル	P.182
メッセージ	P.183
モデレーター	P.183

HINT!

モデレーターとは

モデレーターは、チャネルを管理することができるユーザーです。モデレーターは、チャネルで新しい投稿を開始したり、チャネルの投稿設定を変更したりできます(モデレーター以外は投稿済みのメッセージへの返信のみ許可される)。このため、グループのリーダーをモデレーターに設定することで、チャネル内での会話をリードしたり、情報をまとめたりしてもらうことができます。

HINT!

新しいチャネルを追加するには

新しいチャネルを追加するには、チームの右側にある［…］をクリックして、［チャネルを追加］を選択します。グループワークで使う場合は、グループごとにチャネルを作っておくといいでしょう。

間違った場合は?

間違ったチャネルでモデレーションをオンにしてしまったときは、チャネルの設定画面で［チャネルのモデレーション］をオフに切り替えます。

② モデレートの設定を変更する

1 ここをクリック

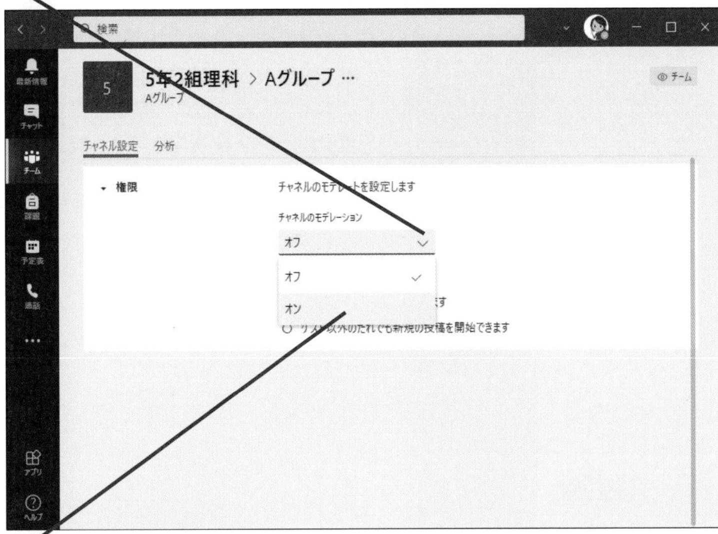

2 [オン]をクリック

モデレートの設定が変更された

チームメンバーの権限を確認しておく

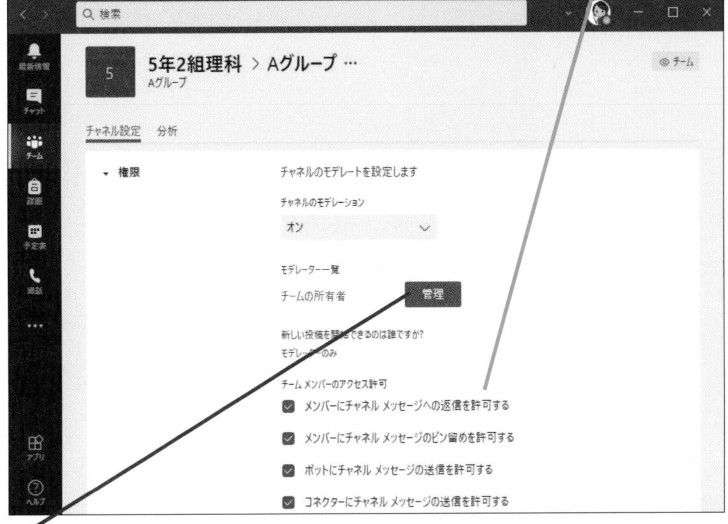

3 [管理]をクリック

モデレーターを選ぶ画面が表示される

HINT!
高度な管理は所有者しかできない

モデレーターは、チャネル内で限られた権限を持っているユーザーとなるため、タブを追加するなどの管理権限はありません。先生以外にもチームやチャネルを管理する権限を与えたい場合は、そのユーザーをチームの所有者にする必要があります。たとえば教科の係や委員などを所有者にして管理をまかせることができます。

HINT!
ボットやコネクターってなに？

ボットやコネクターは、校内のシステムや外部のサービスとTeams for Educationを連携させるときに使う機能です。ここでは利用しません。

HINT!
先生も追加できる

モデレーターには、生徒だけでなく、先生も追加することができます。他の先生をチームの所有者に設定して管理全般の権限を与えるか、特定のチームのモデレーションの権限のみ与えるかは、学校の方針や授業の進め方によって変えるといいでしょう。

次のページに続く

3 モデレーターを追加する

[モデレーターを追加／削除]画面が表示された

1 ここをクリック

モデレーターを追加 / 削除

ユーザーの名前を入力します

チームの所有者
1 人

モデレーターの機能は監査されません

キャンセル　完了

チームの所有者はもともとモデレーターの権限をもっている

2 モデレーターの生徒の名前を入力

生徒のアカウントが表示された

3 ここをクリック

モデレーターが追加される

HINT!
[一般] チャネルの設定は異なる

[一般] チャネルにはモデレーターは追加できません。また、標準では誰でもメッセージを投稿できるようになっていますが、所有者だけがメッセージを投稿できるように設定できます。

間違った場合は？

間違った生徒をモデレーターに設定してしまったときは、手順4の下の画面で［管理］をクリックし、削除したいユーザーの右側の［×］をクリックして削除してから、もう一度、登録し直します。

4 モデレーターを確認する

元の画面が表示された

HINT!

モデレーターはチャネルの設定を変更できる

モデレーターに指定された生徒は、[チャネルの管理] からチャネルの設定を変更できるようになります。同様に他の生徒をモデレーターに追加したり、[メンバーのアクセス許可] の設定を変更したりできます。

Point

生徒の自主性を高められる

チャネルのモデレーターを設定すると、モデレーターを中心としてチャネルの会話をリードしたり、チャネルの意見をまとめたりできるようになります。グループワークやクラス委員などを指定してチャネルの管理をまかせましょう。管理と言っても、チャネル内のみ有効な限られた権限なので安心して生徒にまかせることができます。

レッスン

36 アンケートを出すには

Forms

クラスの意見を集約したり、提案を集めたりするためのアンケートを使ってみましょう。アンケートには「Forms」というアプリを利用します。

1 アンケートのタブを追加する

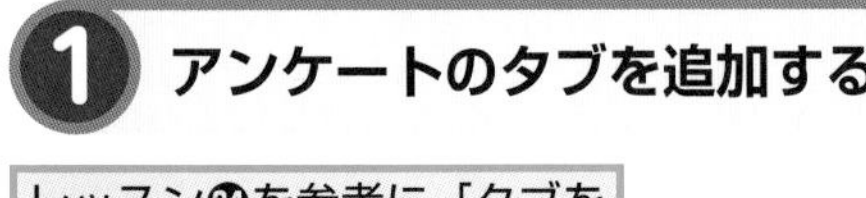

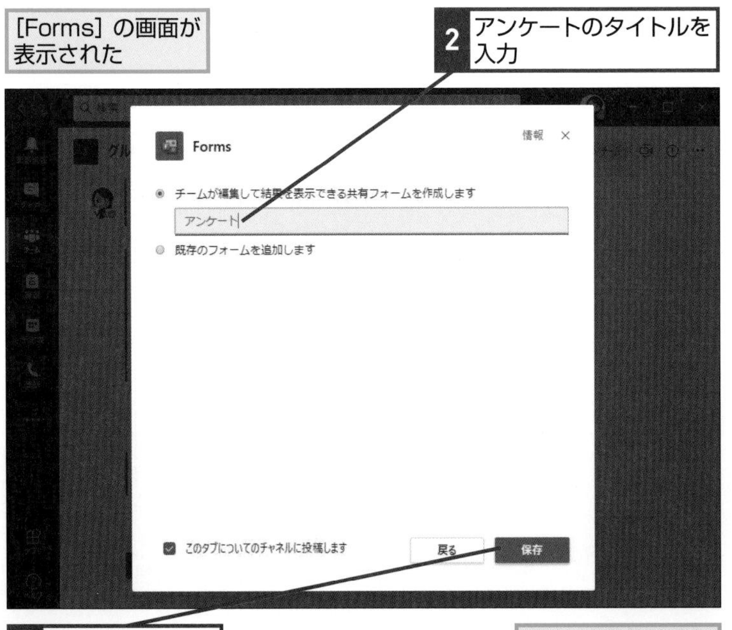

キーワード

Forms	P.179
アカウント	P.180
クラウドサービス	P.181
タブ	P.182

HINT!

Formsとは

Formsは、アンケートなどの入力フォームの作成と、その回答の集計が手軽にできるマイクロソフトのクラウドサービスです。わかりやすい入力フォームを簡単に作ることができるうえ、Excelなどに結果を出力できます。アンケート調査やスケジュール調整、提案や意見の収集、簡単なテストなどに活用できます。

HINT!

集計結果を見られたくないときは個人用のフォームを作成する

このレッスンの手順で操作すると、アンケート結果を生徒も参照できるので注意が必要です。共同作業したり、結果を共有してもかまわないアンケートのみTeams上で作成しましょう。なお、先生のみがフォームの編集や結果の確認ができるようにするには、フォームを個人用のフォームとして作成する必要があります。Office 365ホーム画面からFormsアプリを起動して個人用フォームを作成し、それを手順1の下の画面の［既存のフォームを追加します］から登録しましょう。個人的な情報を含むアンケートを作成したり、テストを実施したりするときは、個人用フォームの利用が必須です。

2 アンケートの種類を選ぶ

1 [新規追加] をクリック

アンケートの種類が表示された

2 [選択肢] をクリック

選択肢付きのアンケート項目が追加される

HINT! 作業内容は自動的に保存される

Formsは自動保存に対応しているため、編集した内容が自動的に保存されます。このため、保存操作は必要ありません。作業を中断した場合でも、そこから作業を再開できます。

間違った場合は？

アンケート名を間違えたときは、手順2の画面で名前をクリックして、正しい名前に修正します。

HINT! 入力項目に合わせて質問形式を使い分ける

Formsでは、入力項目に合わせて、次のようないろいろな質問の形式を利用できます。

- **選択肢**
あらかじめ用意した選択肢から選択します
- **テキスト**
自由に文章を入力できます
- **評価**
★などのシンボルの数で評価します
- **日付**
カレンダーから日付を選択できます
- **ランキング**
あらかじめ用意した選択項目を並べ替えて順位付けできます
- **リッカート**
複数の項目について段階的な評価ができます（たいへん良い、良い…など）
- **ファイルのアップロード**
ファイルをアップロードできます
- **Net Promoter Score**
10段階で評価できます
- **セクション**
見出しを付けて質問を分類ごとに区切ることができます

次のページに続く

③ 設問と回答を作成する

アンケート項目が追加された

1 質問を入力

2 選択肢の内容を入力

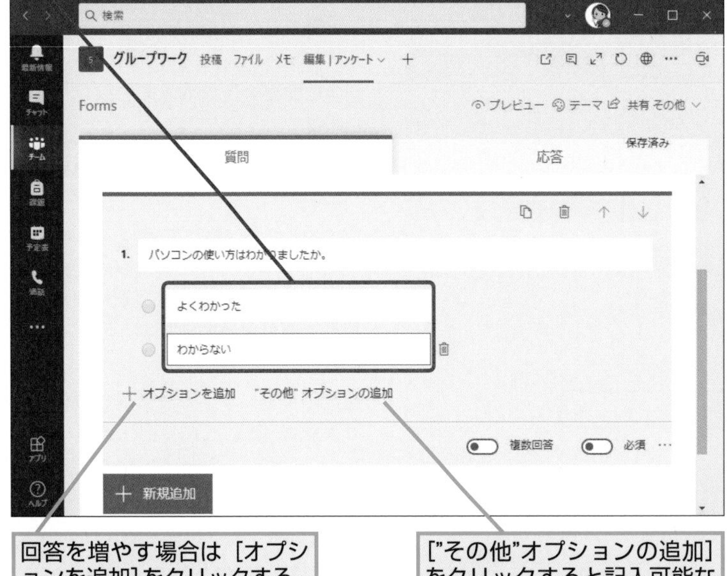

回答を増やす場合は［オプションを追加］をクリックする

［"その他"オプションの追加］をクリックすると記入可能な回答欄を追加できる

HINT! 質問ごとにオプション設定ができる

質問にあわせて、回答のオプション設定が可能です。たとえば、［選択］で［複数回答］を許可するかどうかを設定したり、［テキスト］で［長い回答］を許可するかどうかを設定したりできます。また、すべての質問で［必須］の回答とするかどうかも設定できます。

HINT! 回答欄をドロップダウンリストにもできる

［選択］の場合、手順3の画面で右下の［…］をクリックし、［ドロップダウンリスト］を選択してチェックマークを付けると、回答時にドロップダウンリストから選択する方式で回答できるようになります。このほか、［オプションをシャッフル］で選択肢を回答ごとにランダムに並べ替えることもできます。小テストなどで選択肢の番号を固定したくないときなどに便利です。

HINT! 質問を並べ替えられる

質問は右上の［↑］や［↓］をクリックすることで並べ替えができます。前後を入れ替えたり、別のところに移動したいときに利用しましょう。

間違った場合は？

質問の種類を間違えたときは、ごみ箱のアイコンをクリックして質問を削除し、正しい項目で新しく質問を作り直します。

4 アンケートを送信する

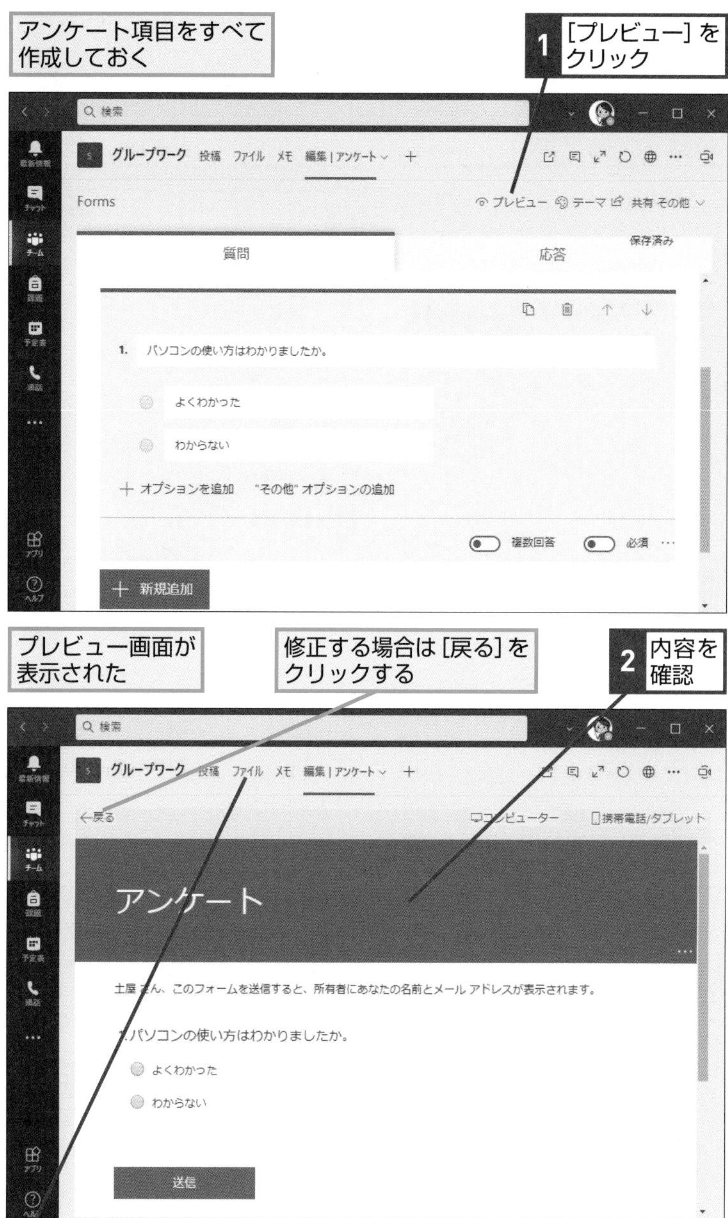

HINT! アンケートに回答するには

アンケートに回答するには、作成したフォームを元にして入力用のタブを新たに作成します。手順1を参考に、Formsを指定して新しいタブを追加します。追加するときに、[既存のフォームを追加します] を選択し、ここで作成したフォームを指定し、[回答を収集] を選んだ状態で [保存] します。

HINT! 回答を確認するには

回答結果は [ファイル] タブの [アンケート名.xlsx] ファイルに保存されているので、このファイルを開くことで個別の回答を確認できます。また、回答表示用のタブを新たに作成することでも結果を確認できます。手順1を参考に、Formsを指定して新しいタブを追加し、[結果を表示] を選択すると、グラフ形式で結果を表示できます。

Point 編集、入力、結果で個別にタブを作る

Formsのアンケートを作成するときは、タブの使い分けに注意が必要です。このレッスンでは、編集用のタブを追加しました。生徒と一緒に質問項目を考えながらアンケートを作ることができます。ただし、このタブは編集用なので、入力用（回答用）のタブや結果を表示するためのタブを別途作成する必要があります。手順1の画面で [既存のフォームを追加します] から、回答用や結果表示用のフォームを追加しましょう。

レッスン
37 課題を出すには

課題

生徒に取り組んでもらう課題を作成してみましょう。Teams for Educationには、課題を作成するためのアプリが用意されているので簡単に作成や管理ができます。

1 課題を作成する

1 [課題]をクリック

課題の一覧が表示された

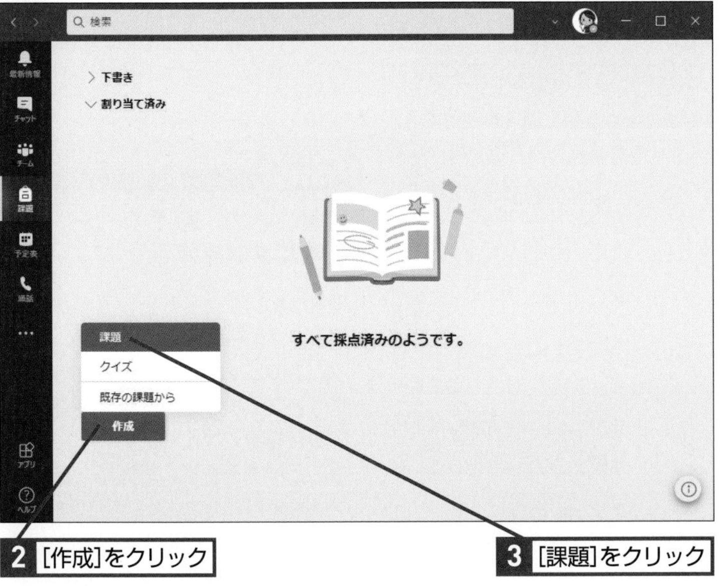

2 [作成]をクリック

3 [課題]をクリック

キーワード

課題	P.180
ルーブリック	P.183

ショートカットキー

Ctrl + 4 …… 割り当てを開く

HINT!

課題を作成してからチームに割り当てる

これまでは、主に生徒と一緒に作業をする方法を紹介してきましたが、課題の作成には生徒は参加しません。このため、あらかじめ先生が課題を作成し、完成後にチームに割り当てるという流れで操作します。

HINT!

既存の課題を再利用できる

作成済みの課題があるときは、手順1の下の画面で［既存の課題から］を選択することで再利用することができます。これにより、同じ課題を複数のクラスに展開することが簡単にできます。

間違った場合は？

手順1で間違って［クイズ］を選んでしまったときは、［キャンセル］をクリックして、もう一度、操作をやり直します。

2 課題の提出方法を設定する

[課題の作成] 画面が表示された

1 課題を出すクラスをクリック

2 [次へ]をクリック

[新しい課題] 画面が表示された

3 課題のタイトルや手順を入力する

HINT!

資料を添付できる

手順2の下の画面で［リソースの追加］をクリックすると、PowerPointの資料やExcelのデータなど、課題に必要な資料を添付することができます。

HINT!

ルーブリックを追加する場合は次のレッスンを参照

課題には、学習到達度を測るためのルーブリックを設定できます。ルーブリックを利用して課題を提出する方法は、次のレッスンで紹介します。このレッスンでは、ルーブリックなしの課題を作成します。

HINT!

転入生に対する配慮もできる

転入生など、後からクラス（チーム）に割り当てられた生徒には、課題は自動的に割り当てられません。もしも、後からクラスに追加された生徒にも課題を自動的に割り当てたいときは、手順2の下の画面で［割り当てるユーザー］の下に表示されている［今後このクラスに追加された学生は割り当てないでください。］の[編集］をクリックし、「今後このクラスに追加されたすべての学生に割り当てます。］に設定を切り替えます。

次のページに続く

3 期限を設定する

1 ［期限日］のここをクリック

カレンダーが表示された

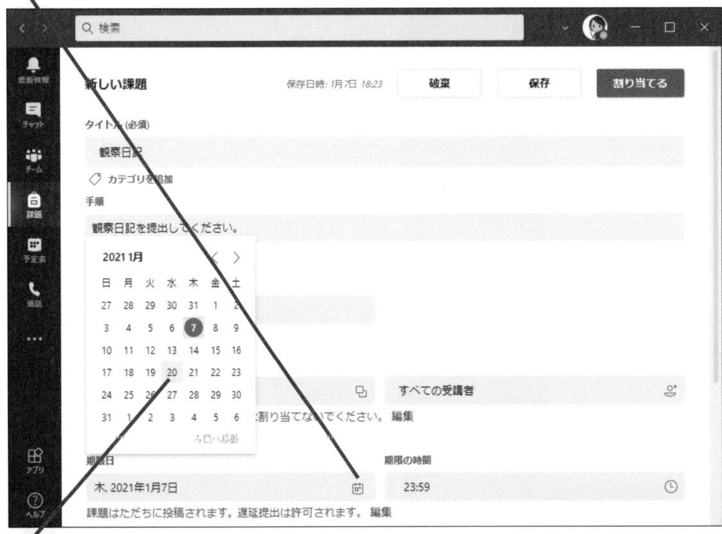

2 期限日をクリック

期限日が設定された

3 ［期限の時間］のここをクリック

時間の候補が表示された

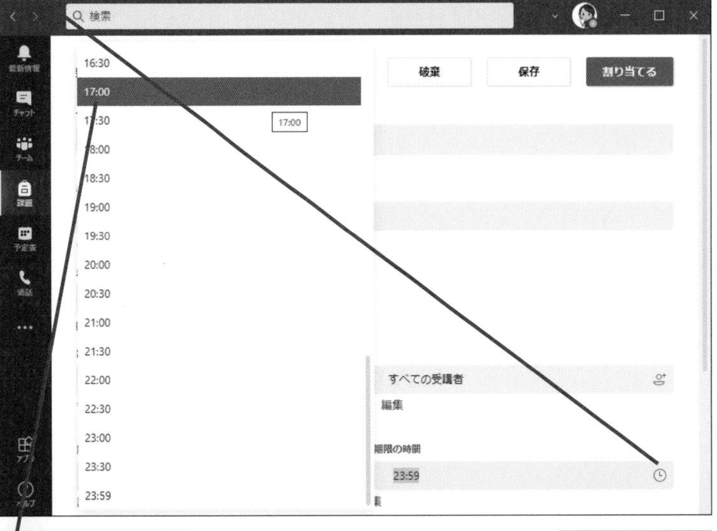

4 期限の時間をクリック

直接入力することもできる

期限が設定された

HINT! 課題の期日が予定表に登録される

課題の期日を設定すると、設定した日がTeams for Educationの［予定表］に自動的に登録されます。これにより、先生も生徒も課題の期日を共有することができます。

HINT! 遅延して提出の可否も決められる

標準では、期日を超えて課題が提出されることが許可されています。期日を超えた提出を拒否したい場合は、手順3の画面で［課題はただちに投稿されます。遅延提出は許可されます。］の［編集］をクリックし、［終了日］にチェックを付けて、終了日を設定します。これで終了日以降の提出ができなくなります。

4 課題を登録する

1 ドラッグして下にスクロール

2 通知の設定を確認

3 [割り当てる] をクリック

課題が登録された

クラスの全員に通知が投稿された

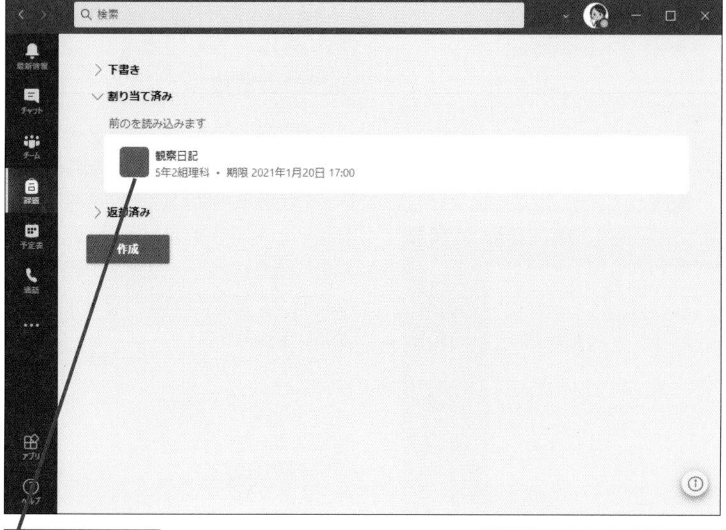

4 課題を確認

課題の作成が終了した

HINT! 生徒も［課題］タブで確認できる

割り当てた課題は、生徒のTeams for Educationの［課題］タブで一覧表示できます。期限を越えている課題は期限が赤く表示されるので、未提出の課題があることなどもすぐにわかります。

間違った場合は？

課題の期日や内容を間違えてしまったときは、手順4の下の画面で課題をクリックし、課題の詳細画面で右上の［…］から［課題の編集］をクリックします。

Point 課題の管理が簡単にできる

Teams for Educationの［課題］を利用すると、誰に（どのクラスに）、いつまでに、どのような課題を割り当てるかを簡単に設定できます。期日を予定表で共有することも自動的にできるので、先生だけでなく、生徒も課題の管理や学習計画を立てるのが容易になります。家庭学習や補助的な学習に活用しましょう。

レッスン
38 ルーブリックを設定するには

ルーブリック

作成した課題にルーブリックを設定してみましょう。課題の評価基準を明確にすることで、生徒も課題に取り組みやすくなります。

1 ルーブリックを追加する

レッスン㊲の手順2を参考に課題を設定しておく

ここではレッスン㊲とは違う課題でルーブリックを設定する

1 [ルーブリックの追加] をクリック

[ルーブリックの選択] 画面が表示された

2 [新しいルーブリック] をクリック

キーワード

Teamsアプリ	p.180
課題	P.180
ルーブリック	P.183

HINT!

ルーブリックの削除は慎重に

設定したルーブリックは後から削除することもできますが、削除すると、ル ブリックが設定された状態で提出された課題に対するフィードバックや成績などがすべて削除されます。ルーブリックを基準に評価された情報が一緒に削除されるので注意しましょう。

HINT!

既存のルーブリックを再利用できる

ここでは新しいルーブリックを作成しましたが、過去に作成したルーブリックがある場合は、それを再利用することもできます。手順1の下の画面に既存のルーブリックが表示されるので、使いたいルーブリックを選択しましょう。

間違った場合は？

ルーブリックの内容は、課題の割り当て後に変更することができません(削除は可能)。ルーブリックを修正したいときは、課題を削除して、もう一度、はじめから課題を作り直します。

② ルーブリックの内容を設定する

[新しいルーブリック]
画面が表示された

1 タイトルを記入

2 説明を記入

3 ここをクリック

[点数]が[はい]に変更された

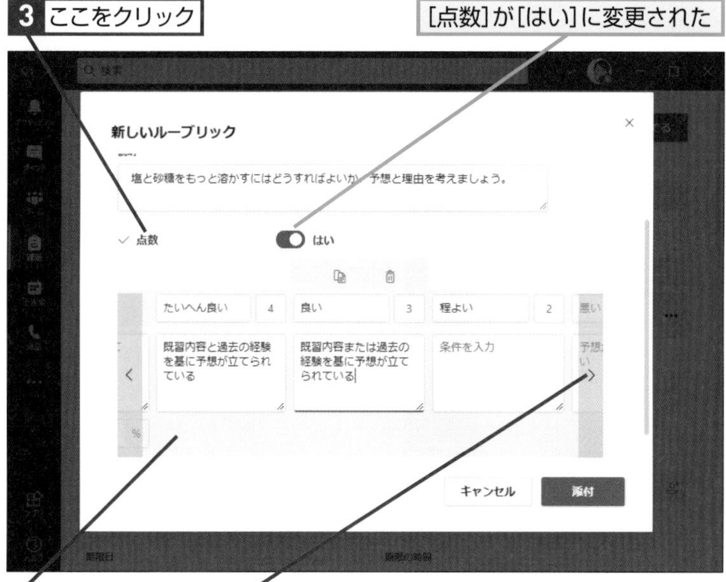

4 ルーブリックの内容を記入

5 ここをクリック

右側の項目が表示される

注意 ルーブリックの内容は操作を紹介するための見本です

HINT! 各項目は自由に設定できる

ルーブリックの内容は、自由に設定できます。学校や学年の方針に従ってルーブリックの内容を記述しましょう。

HINT! ルーブリックは生徒も参照できる

ルーブリックは生徒も参照できます。これにより、生徒はどのような基準で課題が評価されるのかを確認したり、どのような点に注意して課題に取り組むべきかを自分で判断できます。

HINT! 行や列を追加するには

ルーブリックに、評価項目として利用する行を追加したいときは、下に表示されている［+］をクリックします。一方、評価基準として利用する列を追加したいときは、右上の［+］をクリックします。

次のページに続く

3 重みを設定する

1 評価項目の続きを入力

2 ここをクリック

3 [100] %になっていることを確認

複数の項目を設定した場合は合計が100%になることを確認する

4 [添付]をクリック

課題にルーブリックが添付された

HINT! 行を複製するには

行の左側にある［行をコピー］アイコンを使うと、行を複製できます。似たような評価基準の項目を複数作りたいときは複製すると簡単です。また、行の左側にあるごみ箱のアイコンをクリックすることで行を削除することもできます。

HINT! 重みを均等に再配分とは

手順3の下の画面に表示されている［重みを均等に再配分］をクリックすると、複数の項目に均等に点数の配分を割り当てることができます。複数の項目を追加したときは、この方法で割り当てると合計100%になるような配分が楽にできます。

間違った場合は？

ルーブリックの内容を修正したいときは、手順4で［割り当て］をクリックする前に、ルーブリックをクリックしてから表示された画面で［編集］をクリックすることで内容を修正できます。ただし、割り当て後は変更できないので注意が必要です。

テクニック ルーブリックをダウンロードできる

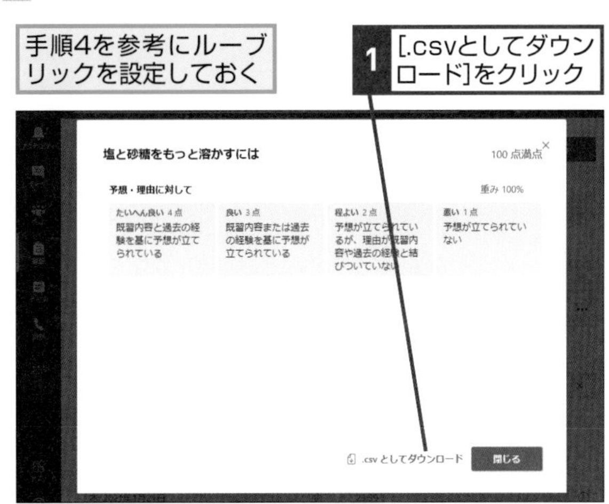

設定したルーブリックは、画面のようにCSV形式形式でダウンロードすることができます。ダウンロードしたファイルはExcelなどで開いて確認できるので、わざわざTeams for Educationの課題からルーブリックを開かなくても設定した内容を確認できます。また、CSV形式でダウンロードしたルーブリックを課題の作成時にアップロードして再利用することもできるので、先生たちの間でルーブリックを共有する場合などにも活用できます。

4 課題を登録する

HINT! 点数を設定できる

手順4で［点数］を変更することで、課題に割り当てる点数を設定できます。この点数を満点としてルーブリックの割合に応じて点数を決めることができます。

Point 明確な評価ができる

ルーブリックを利用すると、先生が課題を明確な基準で評価したり、生徒の到達度を判断できるようになります。また、生徒も課題に割り当てられたルーブリックを確認できるので、学習目的を意識しながら課題に取り組むことができます。ルーブリックの設定は必須ではないうえ、課題によっては不要な場合もありますが、できるだけ設定しておくことをおすすめします。

レッスン

39 小テスト(クイズ)を出すには

クイズ

生徒の理解度を測るための小テスト（クイズ）を作成してみましょう。Formsを利用することで、生徒がオンラインでその場で回答できる問題を作成できます。

1 クラスを選択する

レッスン㊲を参考に課題の一覧を表示しておく

1 [作成]をクリック

2 [クイズ]をクリック

[クイズの課題を作成]画面が表示された

3 クラスをクリック

4 [次へ]をクリック

キーワード

Forms	P.179
課題	P.180

ショートカットキー

Ctrl + 4 …… 割り当てを開く

HINT!

課題とクイズの違いは？

どちらも生徒の提出物を管理・評価するための機能ですが、課題はレポートや作文などを管理するための機能で、クイズはテストのようにその場で回答する問題を割り当てる機能となります。クイズは正解不正解で明確に点数を付けられので、ルーブリックを設定することはできません。本書で紹介しているように、単元ごとに内容や理解度を確認するための小テストとして使うのが適しています。

HINT!

複数のクラスを選択できる

手順1の下の画面で複数のクラスを選択すると、同じクイズを複数クラスに割り当てることができます。学年全体で同じ問題を出したい場合などは、この方法で複数クラスに割り当てます。

間違った場合は？

間違ってFormsの画面を閉じてしまったときは、ブラウザーを利用してFormsの画面から再編集します。「https://www.office.com」から[Forms]を起動し、[最近使ったファイル]の一覧から編集中のフォームを開いて編集しましょう。

2 Formsを起動する

[Forms]画面が表示された

1 [新しいクイズ] をクリック

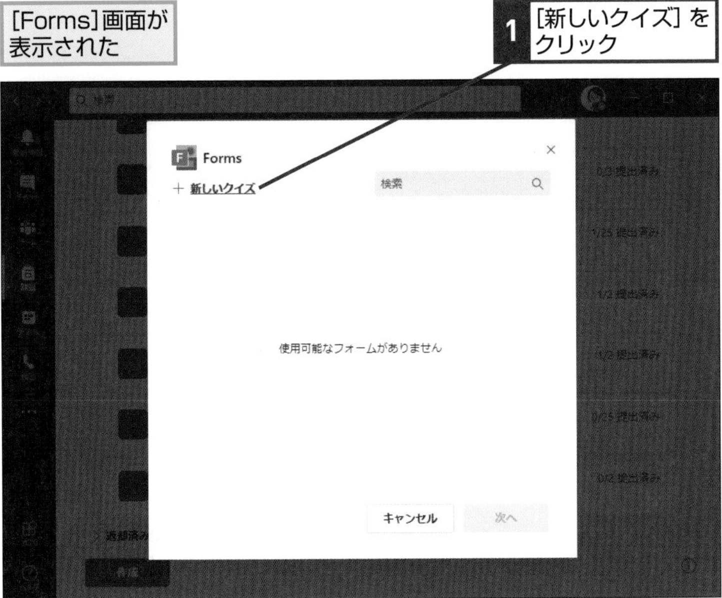

WebブラウザーでFormsの画面が表示された

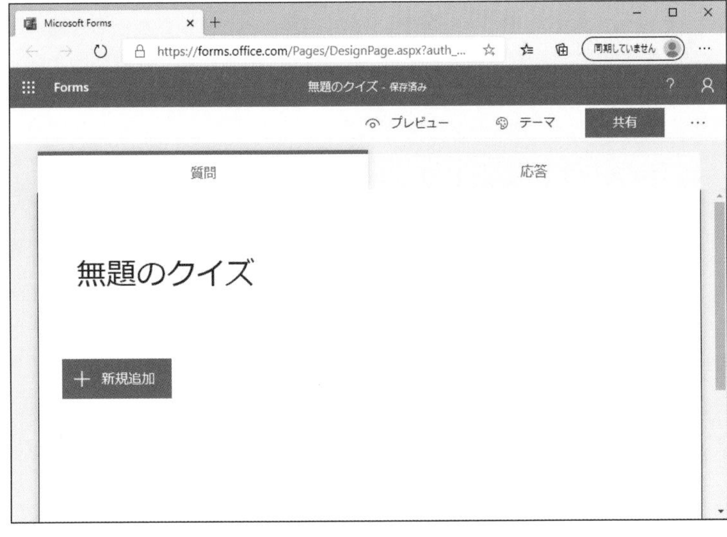

HINT!

過去に出題したクイズを再利用できる

過去に出題したクイズがあるときは、手順2に一覧表示されます。一覧から、再利用したいクイズを選択することでもクイズを出題できます。

HINT!

サインイン画面が表示されたら

手順2の下の画面で、Formsの画面を表示する際に、環境によってはサインイン画面が表示されることがあります。Teams for Educationで利用しているOffice 365アカウントとパスワードでサインインしましょう。

HINT!

Formsの内容は自動保存される

Formsでは編集内容が自動的に保存されるため、内容を追加したり変更しても、保存操作は必要ありません。なお、途中で作業を中断したときは、「https://www.office.com」から[Forms] を起動し、[最近使ったファイル] の一覧から編集中のフォームを開くことで編集を再開できます。

HINT!

Formsの質問の種類や使い方を知りたいときは

Formsに用意されている質問の種類や使い方については、レッスン㊱で詳しく紹介しています。使い方がわからないときはレッスン㊱を読み返しましょう。

次のページに続く

3 クイズを作成する

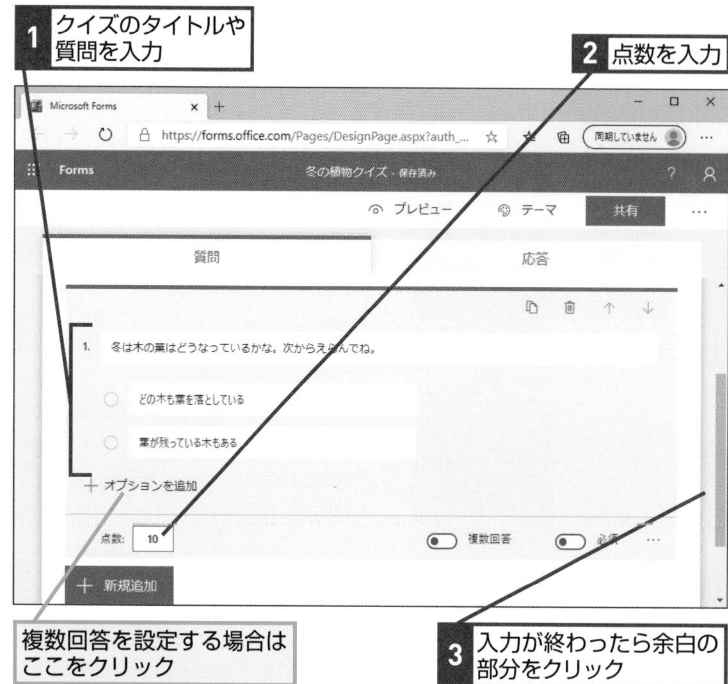

内容が確定された

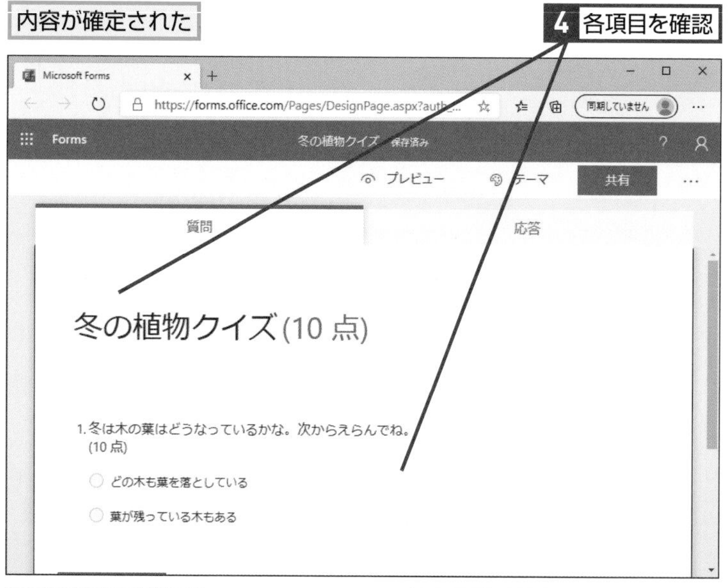

5 ページを閉じる

作成した内容がアーカイブに保存される

HINT! プレビューで端末ごとの見え方を確認できる

Formsの編集画面で［プレビュー］をクリックすると完成後の画面を見ることができます。標準ではPC用の画面が表示されますが、画面上の［携帯電話/タブレット］をクリックすることで、スマートフォンやタブレットの表示も確認できます。

HINT! 必須項目にすると回答するまで送信できない

質問の［必須］をオンにすると、その質問に回答しないと生徒がクイズを送信できません。クイズの場合、わからないために未回答にする場合も考えられるので、［必須］にするかどうかをよく検討してから設定しましょう。

HINT! メールなどで共有することもできる

手順3の下の画面で［共有］をクリックすると、フォームに回答するためのリンクをコピーすることができます。メールなど、Teams for Education以外の方法でも回答を収集したい場合は、ここでリンクを入手できます。

間違った場合は？

割り当てるクラスを間違えたときは、［割り当てる］をクリックする前に、手順4の下の画面で［割り当てるユーザー］を変更します。［割り当てる］をクリックしてしまうと変更できないので注意してください。

④ クイズを割り当てる

手順1、2を参考に[Forms]の画面を表示しておく

1 作成したクイズをクリック

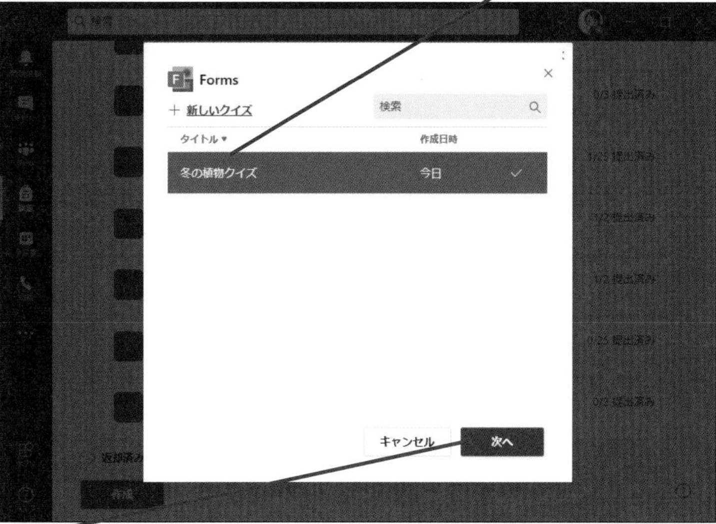

2 [次へ]をクリック

[新しい課題]画面が表示された

3 レッスン㊲を参考に各項目を入力

4 [割り当てる]をクリック

クイズが割り当てられる

HINT!
過去のクイズの検索や並べ替えができる

手順4では、過去のクイズを検索したり、並べ替えたりできます。[検索]ボックスにキーワードを入力してクイズを検索したり、[作成日時]をクリックして古い順に並べ替えたりしてみましょう。

HINT!
クイズの内容を変更するには

Formsを利用すると、割り当て後でもクイズの内容を変更することができます。「https://www.office.com」から[Forms]を起動し、[最近使ったファイル]の一覧から編集中のフォームを開くことで、編集を再開できます。ただし、割り当て実行後は、すでに回答した生徒がいる可能性もあるため、誤字脱字などの修正以外は基本的にしないことをおすすめします。

Point
オンラインでテストも実施できる

Teams for Educationを利用すると、オンラインでテストを実施できます。本格的なテストというより、確認用の小テストでの利用が適していますが、後述する成績に反映することもできるので学習到達度を測るために活用するといいでしょう。クイズは、Teams for Educationを利用できる環境なら、どこで、どの端末でも回答できます。学校だけでなく、家庭学習中のテストに活用してもいいでしょう。

レッスン

40 課題に指摘や評価をするには

フィードバック

生徒が提出した課題に点数を付けたり、フィードバックを入力したりしましょう。提出された作業内容を見ながら、その場で評価できます。

1 課題を選択する

レッスン㊲を参考に課題の一覧を表示しておく

1 評価する課題をクリック

課題の詳細画面が表示された

2 フィードバックする課題をクリック

キーワード

課題 P.180

ルーブリック P.183

ショートカットキー

Ctrl + 4 …… 割り当てを開く

HINT!

課題の提出状況を確認できる

手順1の下の画面で、課題への取り組み状況を確認できます。[提出されていません] は課題を出していないだけでなく、課題の内容も確認していない状態です。[閲覧しました] は課題を開いて内容を確認した状態です。[提出済み] は課題が提出されています。開いて評価しましょう。

HINT!

一覧画面でも点数やフィードバックを入力できる

手順1の下の一覧画面でもフィードバックや点数を入力できます。点数を相対的に決める必要がある場合などは、一覧で生徒ごとの点数を見ながら入力するといいでしょう。

間違った場合は？

点数やフィードバックの内容を後で修正したい場合は、[返却済み] から生徒を選んで点数やフィードバックを修正します。

2 フィードバックを送信する

提出された課題の内容が表示された

1 フィードバックを入力

2 [返却]をクリック

課題が返却された

3 [閉じる]をクリック

課題の詳細画面が表示される

HINT! ルーブリックを設定しているときは

ルーブリックを設定しているときは、ルーブリックで評価します。手順2の画面でルーブリックをクリックして開き、評価基準の該当する項目をクリックして選択したり、項目ごとにフィードバックを入力します。ルーブリックの場合、あらかじめ点数と割合が設定されているので、選択した項目に応じて自動的に点数が計算されます。

HINT! 返却すると［返却済み］に表示される

返却した課題は、手順1の下の画面にある［返却済み］タブに移動します。なお、［返却済み］から課題を選択することで、返却後でも点数を変更したり、フィードバックを修正したりできます。

Point Teams for Education上で管理も評価もできる

Teams for Educationでは、生徒に課題を出すだけでなく、その管理や評価も一元的にできるようになっています。誰が課題を出したのかを確認したり、課題の内容を確認して、フィードバックを入力したり点数を付けたりできます。評価にはルーブリックを活用することができます。ルーブリックを使うことで、明確な基準で評価できるだけでなく、あらかじめ決めた基準に従って自動的に点数を決めることもできます。公平な評価ができるので、ぜひルーブリックを活用しましょう。

レッスン

41 成績を確認するには

成績

成績やTeamsの利用状況を確認してみましょう。課題やテストの点数を生徒ごとに集計したり、誰がどれくらいTeamsを使っているかを確認したりできます。

成績をExcelで管理する

1 課題を確認する

成績を確認したいクラスを表示しておく

1 [成績]タブをクリック

成績の一覧が表示された

2 [Excelにエクスポート]をクリック

成績の内容がCSV形式でダウンロードされる

キーワード

タブ	P.182
チーム	P.182

ショートカットキー

Ctrl + 3 ……Teamsを開く

HINT!

［成績］タブは［一般］チャネルにのみ表示される

［成績］タブは、各クラス（チーム）の［一般］チャネルにのみ表示されます。自分で後から作成したチャネルにはないうえ、後から追加することもできません。

HINT!

成績は生徒も確認できる

［一般］チャネルの［成績」タブは、先生だけでなく生徒も確認できます。もちろん、生徒は自分の成績しか確認できません。

間違った場合は？

成績は、チーム（クラスや科目）ごとに管理されます。手順1で目的のクラスの成績が表示されないときは、チームを確認して、もう一度、表示してみましょう。

2 Excelで成績を開く

ダウンロード先のフォルダーに移動しておく

1 成績のファイルをクリック

成績の一覧がExcelで表示された

5年2組理科 の成績 - 2021-01-07 21-08.csv

	A	B	C	D	E	F	G	H	I	J	K	L
1	名	姓	メール ア	冬の植物観	ポイント	フィード/	冬の植物を	ポイント	フィード/	観察日記	ポイント	フィードバ
2	増田	綾香	masuda@	100	100	冬に咲くお花を探して		10				
3	東郷	美香	togo@M36	75	100			10				
4	森下	良太	morishita@	50	100			10				

内容を編集する場合は上書き保存する

HINT! CSV形式でダウンロードされる

ダウンロードしたファイルはCSV形式になっています。CSVは、「,（カンマ記号）」でデータを分割したファイル形式で、さまざまなアプリで汎用的に利用されています。通常は、Excelを使って開きますが、他のアプリを使ってインポートすることもできます。

HINT! どこにダウンロードされるの？

ファイルは、OSで標準のダウンロード先として設定されているフォルダーに保存されます。Windows 10の場合は、通常は[ダウンロード]フォルダーに保存されます。

HINT! Excelで成績管理するには

ダウンロードしたファイルを使ってExcelで成績を管理したいときは、まず成績管理用のフォルダーをパソコンに作成し、そこにダウンロードしたファイルを集めるようにします。また、CSV形式のままでは扱いにくいので、ファイルを開いてから［名前を付けて保存］で［Excelブック(*.xlsx)］形式を指定してファイルを保存し直すといいでしょう。

次のページに続く

生徒の活動を可視化する

1 [Insights] タブを追加する

レッスン㉞を参考に［タブを追加］画面を表示しておく

1 [Insights] をクリック

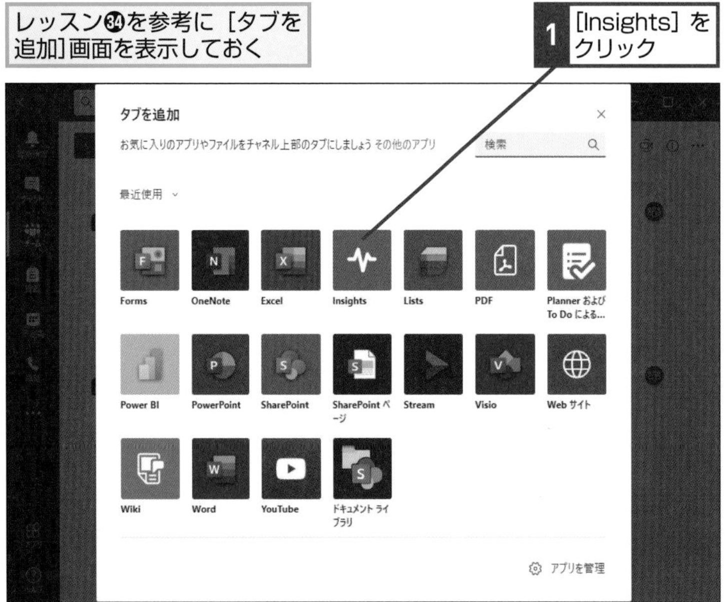

[Insights] 画面が表示された

内容を確認しておく

プライバシーポリシーと使用条件を確認しておく

2 [追加]をクリック

HINT!

Insightsとは

Insightsは、Teams for Educationの利用状況を収集、分析する機能です。Insightsを追加することで、誰がどれくらいTeams for Educationを使っているか？　誰がどれくらい投稿や返信をしているか？　課題への取り組み状況はどうなっているか？　などをグラフ形式で表示できます。

HINT!

現在のバージョンはベータ版

Insightsは、2021年2月15日現在ベータ版の機能として提供されています。このため、意図しない動作をしたり、見た目や機能が変更されたりする場合があります。

HINT!

プライバシーポリシーを確認しておこう

Insightsでは、Teams for Educationのデータを収集して分析に利用します。手順1の下の画面で、マイクロソフトがデータをどのように扱うかを定めたプライバシーポリシーを確認できるので、利用前に確認しておきましょう。

間違った場合は？

手順1で間違ったアプリを選択してしまったときは、手順2でアプリの画面を閉じ、もう一度、Insightを追加し直します。

2 アクティビティを確認する

[Insights] 画面が表示された

1 ここをクリックしてチェックマークを外す

2 [保存]をクリック

[Insights] タブが設定された

3 生徒のアクティビティを確認する

HINT! 生徒には表示されない

Insightは、先生のみが利用できるアプリです。チームに追加しても、生徒の画面にはタブが表示されないため、分析情報を生徒が見ることはありません。

HINT! エンゲージメントとは

エンゲージメントは、誰がどれくらいTeams for Educationを利用しているかを示す指標です。メッセージの投稿数や返信数などが表示されるので、クラス（チーム）への貢献度のようなものと考えましょう。

HINT! アクティビティとは

アクティビティは、生徒の活用状況を示します。非アクティブというのはTeams for Educationを開いていない状況を示します。また、生徒ごとにどの時間帯によくTeams for Educationを利用しているかなども分析して表示されます。

Point いろいろな評価にも使える

Teams for Educationでは、生徒の活用をさまざまな視点で管理、分析できます。課題を使って学習状況を評価したり、生徒の成績を管理したりするのはもちろんのこと、Insightsを使って、そもそもTeams for Educationをどれくらい活用しているのかも分析できます。Teams for Educationを導入したことの効果を測定することもできるので、ぜひ活用してみましょう。

この章のまとめ

先生と生徒をさまざまな面からサポートする

Teams for Educationは、単なる情報共有ツールではありません。教育現場に必要とされるさまざまな機能が標準で搭載されており、生徒の学習サポートや先生の業務を確実にサポートすることができます。この章で紹介したアンケートや課題、ルーブリック、成績、Insightsなどを活用することで、より快適な学習環境を整えることができるでしょう。中でもルーブリックは、学習到達度を的確に管理できるTeams for Educationならではの機能と言えます。他の教育向けサービスでは難しいこともTeams for Educationなら簡単にできるので、実際の現場で積極的に活用しましょう。

豊富な機能を積極的に使おう

先生と生徒をサポートする多彩な機能があるので、ぜひ普段から活用しよう

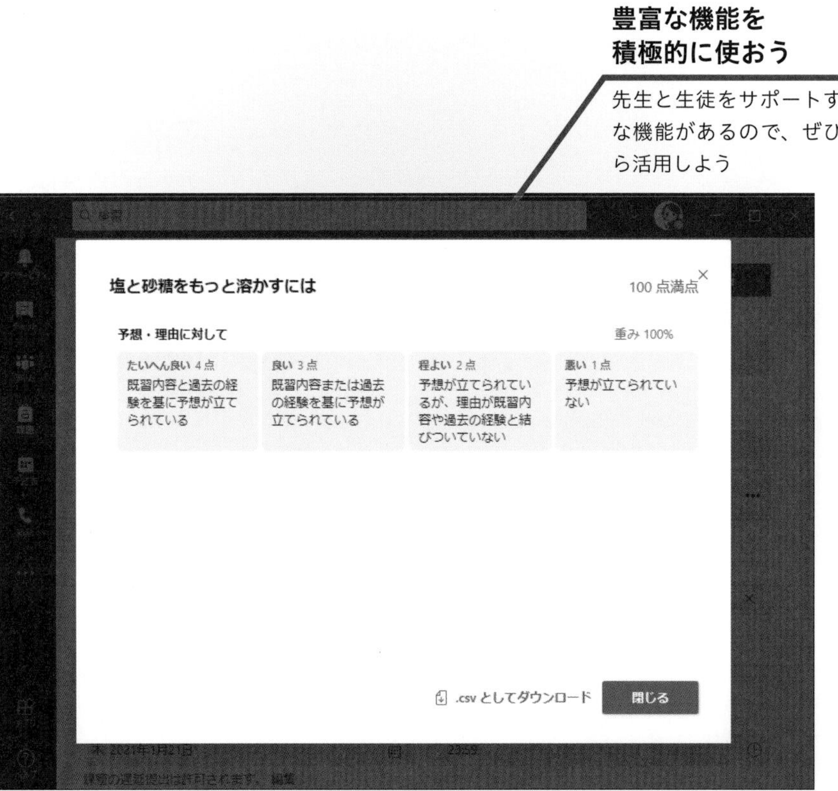

児童・生徒用
第7章 パソコンで授業に参加しよう

学校や家のパソコンを使って、オンライン授業を受けてみましょう。ここでは、生徒のみなさんがどうやってクラスに入ればいいのか？　先生とどうやってメッセージをやりとりすればいいのか？　オンラインで授業をどうやって受けるのか？　課題やテストはどうするのか？　などを紹介します。

●この章の内容

レッスン
42 Teamsを開こう
サインイン

オンライン授業を受けるにはパソコンのアプリを使います。まずはブラウザーで「Teams（チームズ）」のページを開いてみましょう。

1 Microsoft Officeにサインインする

Microsoft Edgeを起動しておく

▼Microsoft OfficeのWebページ
https://www.office.com/

1 上記のURLに移動

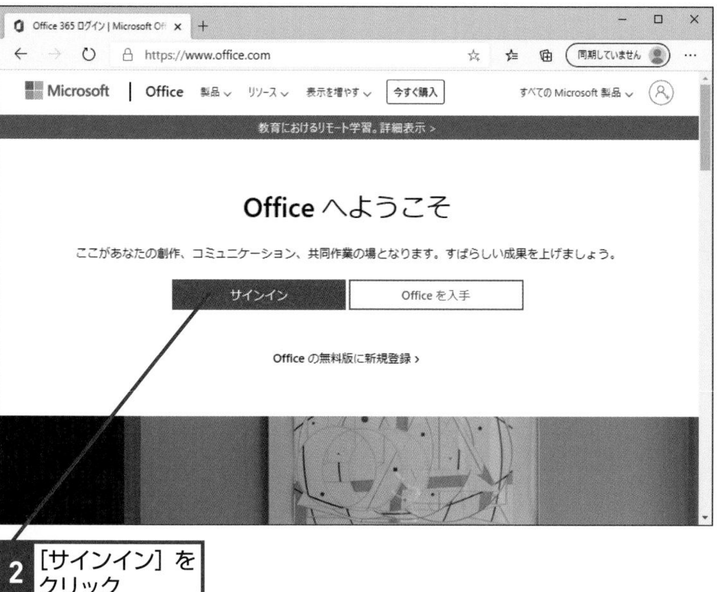

2 ［サインイン］をクリック

［サインイン］画面が表示された

3 学校から配布されたメールアドレスを入力

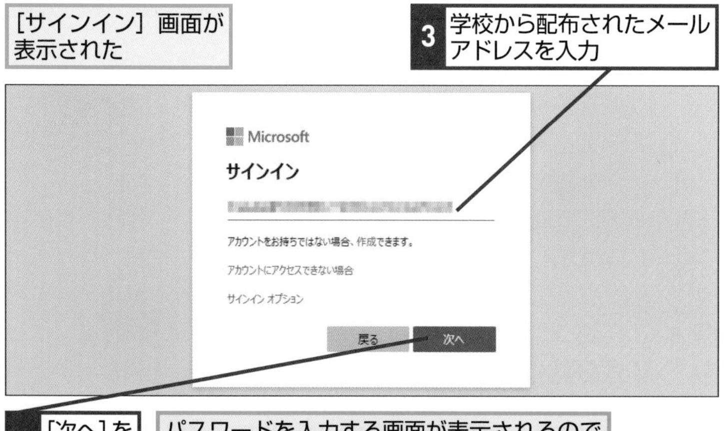

4 ［次へ］をクリック

パスワードを入力する画面が表示されるのでパスワードを入力する

キーワード

Microsoft Edge	P.179
Officeアプリ	P.179
Teamsアプリ	P.180
サインイン	P.181

HINT!
「Teams」ってなに？

「Teams（チームズ）」は、インターネットを通じて授業を受けられるサービスです。この中に自分のクラスがあり、そこで先生やクラスのみんなといっしょに話をしたり、授業を受けたりします。

HINT!
パスワードがいらないこともある

学校から配られたパソコンを使っているときは、手順1で自分のメールアドレスやパスワードの入力がいりません。「https://www.office.com/」にアクセスすると、自動的に手順2の画面になります。

間違った場合は？

手順1でOfficeのページが開かないときは、入力したURL（アドレス）が間違っているかもしれません。「https://www.office.com/」と入力されていることを確認しましょう。

2 TeamsのWebページを表示する

[Microsoft Officeホーム] の画面が表示された

1 [Teams] をクリック

[Microsoft Teams] の画面が表示された

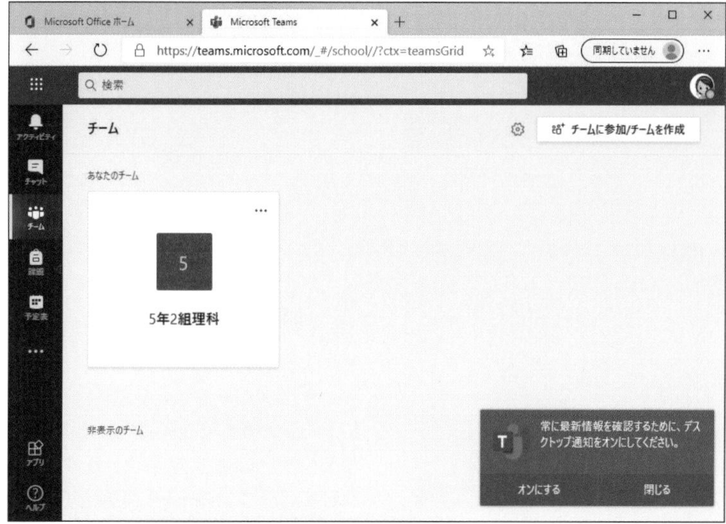

このままでも使用できるがより使いやすいアプリケーションをダウンロードする

HINT! いろいろな機能が使える

手順2の画面は、「Office 365」というサービスのWebページです。このページから、オンライン授業用の「Teams」だけでなく、文書を作るための「Word（ワード）」や表やグラフづくりに使える「Excel（エクセル）」などが使えます。

HINT! 自分のアイコンに変えよう

Teamsには、自分のアイコンを表示できます。先生やクラスの友だちに、自分が誰なのかがわかるように、自分の写真に変えておきましょう。

1 右上のアイコンをクリック

2 [画像を変更]をクリック

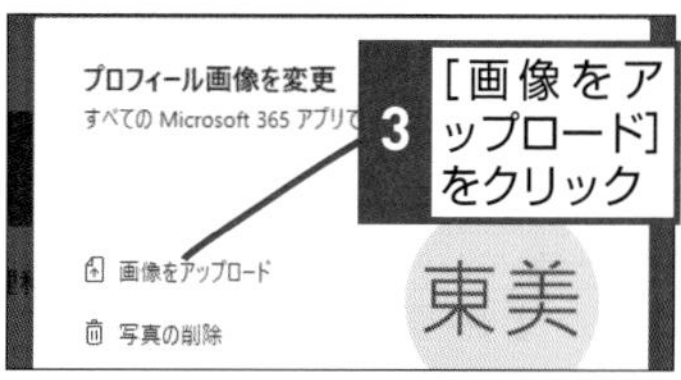

3 [画像をアップロード]をクリック

パソコンにある画像をアップロードできる

Point 「Teams」で授業を受ける

パソコンを使って授業を受けるときは､「Teams（チームズ）」を使います。パソコンにTeamsが入っていなくても大丈夫です。このページのように「ブラウザー」というアプリを使ってTeamsのページをかんたんに開けます。そのまま授業を受けることもできますが、より使いやすいアプリを次のレッスンでパソコンに入れましょう。

Teamsのアプリを入れよう

インストール

Teamsのアプリをパソコンに入れましょう。前のレッスンで開いたTeamsのページから入れます。次からはアプリを使って授業を受けられます。

1 アプリをダウンロードする

レッスン㊷を参考にTeamsの初期画面を表示しておく

1 ここをクリック

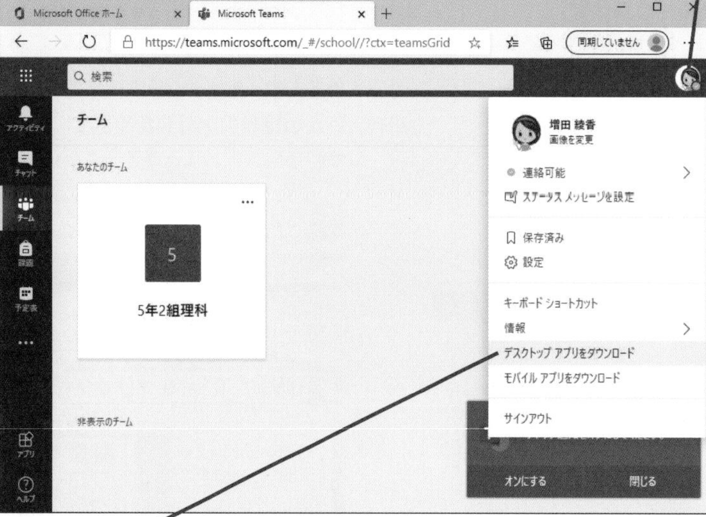

2 [デスクトップアプリをダウンロード]をクリック

アプリがダウンロードされる

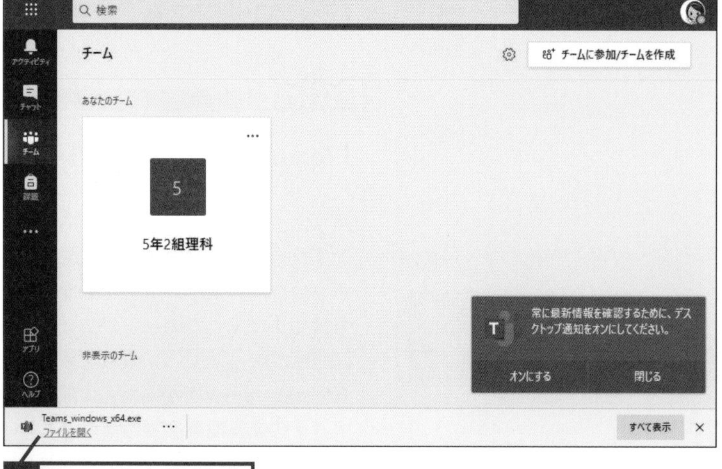

3 [ファイルを開く] をクリック

キーワード

Microsoft Edge	P.179
Teamsアプリ	p.180
アカウント	P.180
サインイン	P.181

HINT! 「通知」の画面が開いたままで見にくい

右下に表示されている青い通知の画面は、ここでは使いません。[閉じる] をクリックして閉じましょう。

HINT! どうしてアプリを使うの？

アプリを使うと、すぐにTeamsで自分のクラスに入れます。また、クラスで授業があったり、課題が出されたりしたときに、そのことが通知されるので、うっかり忘れてしまうことがありません。

間違った場合は？

手順1でブラウザーを閉じてしまって、ダウンロードしたアプリがどこにあるかがわからなくなったときは、ブラウザーの右上の […] をクリックして、[ダウンロード] を選びます。ダウンロードしたファイルの一覧が出てくるので、そこからファイル名をクリックするとインストールできます。

2 Teamsにサインインする

[Microsoft Teams]のサインイン画面が表示された

1 メールアドレスを入力

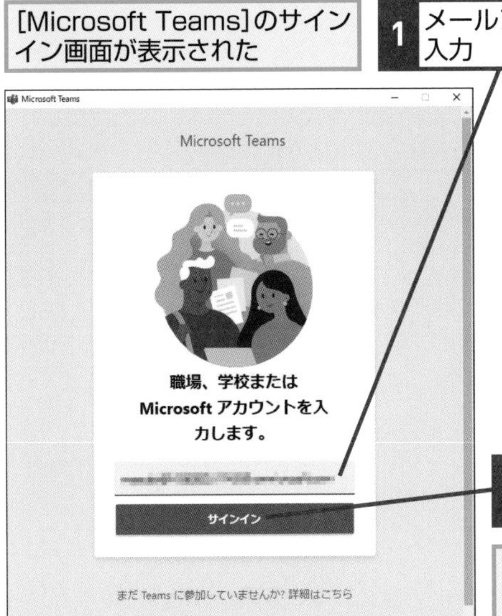

2 [サインイン] をクリック

パスワードを入力する画面が表示されるのでパスワードを入力する

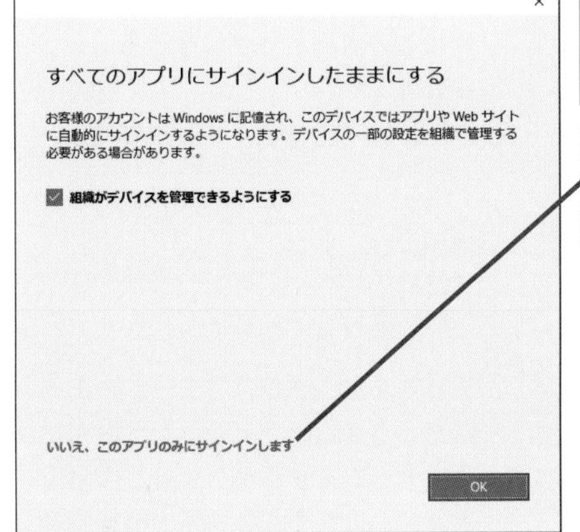

サインインしたままにするかどうか確認する画面が表示された

3 [いいえ、このアプリのみにサインインします]をクリック

Teamsのアプリが起動した

終了するときはここをクリックする

HINT! アプリが起動したらブラウザーは閉じてもいい

手順2でアプリからクラスに入れるようになったら、ブラウザーはもう使いません。これからはアプリを使って授業を受けます。

HINT! 「すべてのアプリにサインインしたままにする」ってなに？

手順2の2枚目の画面は、使うパソコンによって設定がちがいます。家のパソコンなら「いいえ」でいいですが、学校のパソコンでは「OK」を選ぶ場合があります。この画面が出たら、先生にどうするかを聞きましょう。

Point 自分のクラスを確認しよう

このレッスンで、パソコンにTeamsアプリが入りました。これから、このアプリを使って授業を受けます。Teamsアプリを開くと、自分のクラスが表示されます。表示されたクラスが合っているかを確認しておきましょう。クラスが違っていたら、先生に聞いてみましょう。

レッスン 44

Teamsの画面を確認しよう

画面の名称

Teamsの画面がどうなっているのかを見てみましょう。どこをクリックすると、どんな画面になるのかや、どの画面で何をするのかを覚えましょう。

[チーム] の画面

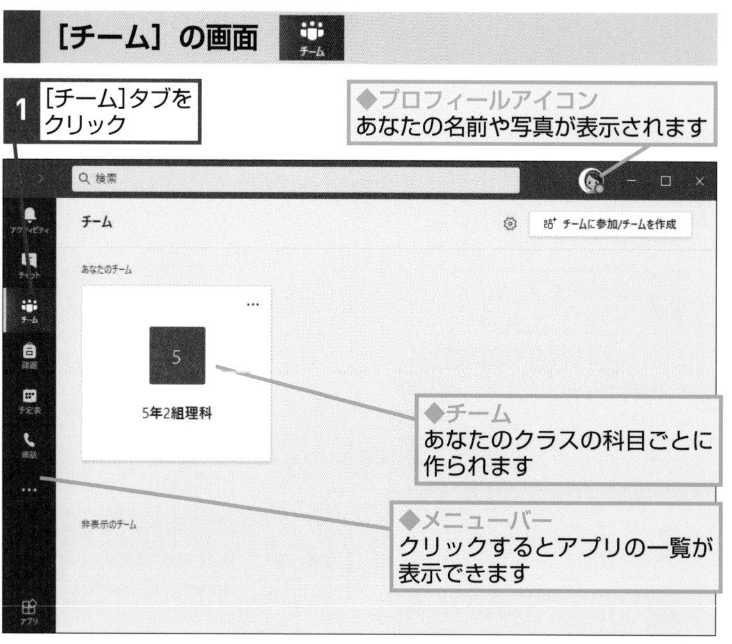

[チャネル] の画面

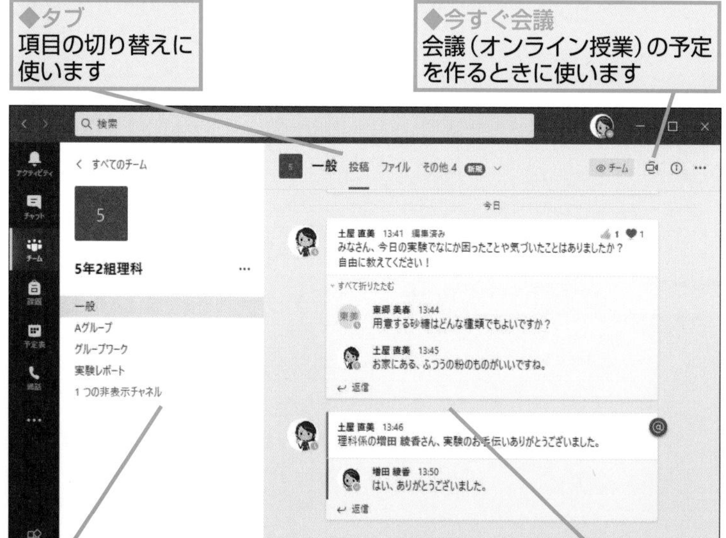

キーワード

タブ	P.182
チーム	P.182
チャネル	P.182
メッセージ	P.183

HINT!

「チーム」ってなに？

Teamsでは、クラスのことを「チーム」といいます。チームの分け方は学校によって違います。クラスと同じように学年と組になっていることもあれば、「5年2組理科」のように科目との組み合わせになっていることもあります。

HINT!

「チャネル」ってなに？

チャネルは、クラス（チーム）の中にある作業スペースのようなもので、チームをクリックすると表示できます。それぞれの科目の授業内容ごとに分けられています。「一般」がみんなが集まる全体の場所で、このほか「天気」「実験」「グループワーク」などのように、授業ごとにいろいろな場所があります。

テクニック Teamsをすぐに起動できるようにするには

Teamsを起動するのに毎回スタートメニューから探すのは面倒です。次の画面のように操作して、画面の下にいつも表示されるようにしておきましょう。次からは、ここにあるTeamsアイコンをクリックするだけですぐにクラスに入れます。

[Teams]を起動しておく

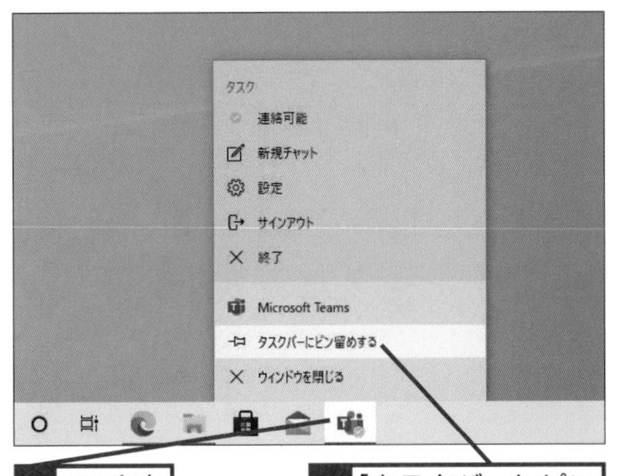

1 ここを右クリック

2 [タスクバーにピン留めする]をクリック

ここをクリックするとTeamsの画面が表示される

[予定表]の画面

1 [予定表]タブをクリック

予定表が表示された

会議や課題などの予定が表示される

HINT! 「会議」や「予定表」ってなに？

Teamsでは、動画配信のようなオンライン授業のことを「会議」といいます。また、時間割や学校の行事日程表のことを「予定表」といいます。予定表で、いつオンライン授業があるのかや、いつまでに課題を出せばいいのかがわかります。

Point 授業に必要なボタンをおぼえよう

Teamsには、左側にたくさんのボタンが並んでいますが、最初に覚えておきたいのは､「チーム」ボタンと「予定表」ボタンです。「チーム」の中にクラスがあって、「予定表」でオンライン授業の日付や時間がわかります。まずは、この2つのボタンと画面を覚えておきましょう。

レッスン
45 自分のクラスに参加しよう
チームとチャネル

自分のクラスに入ってみましょう。Teamsを開くと自分のクラスが一覧表示されます。ここでは、例として「5年2組理科」というクラスに入ってみます。

1 Teamsを起動する

1 [スタート]をクリック

2 [Microsoft Teams] をクリック

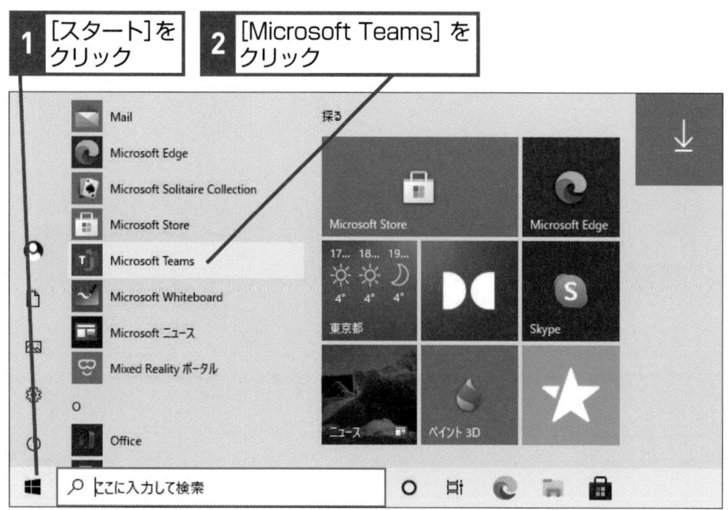

Teamsが起動する

2 クラスを表示する

前回終了したときの画面が表示される

1 [チーム] タブをクリック

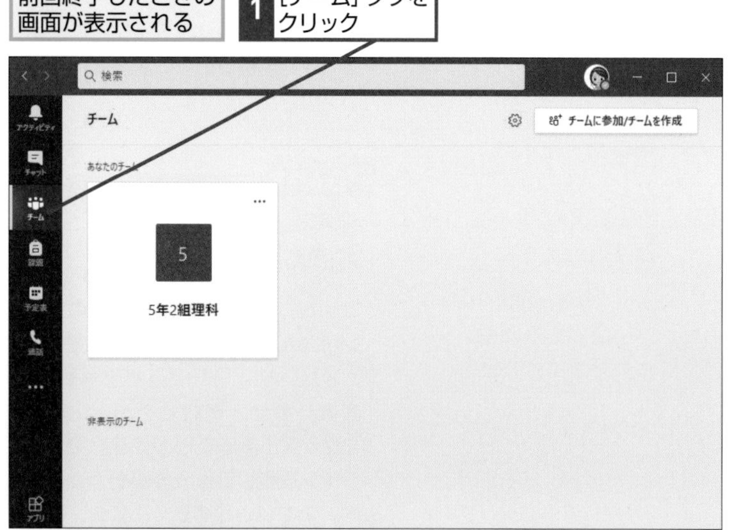

クラスが表示された

キーワード

Teamsアプリ	p.180
サインイン	P.181
チーム	P.182
チャネル	P.182

HINT!

アプリを探すには

手順1でアプリが見つからないときは、画面の左下に表示されている［ここに入力して検索］に「teams」と入力すると、アプリがすぐに見つかります。

HINT!

チームが科目で チャネルが授業内容

チームやチャネルの分け方は、学校によって違います。ここでは、次の図のように「クラス＋科目」のチームの中に、授業内容ごとのチャネルがあります。

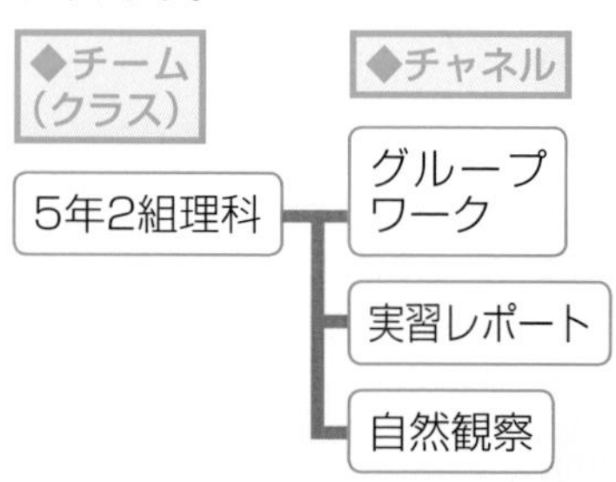

3 チャネルを表示する

1 クラスをクリック

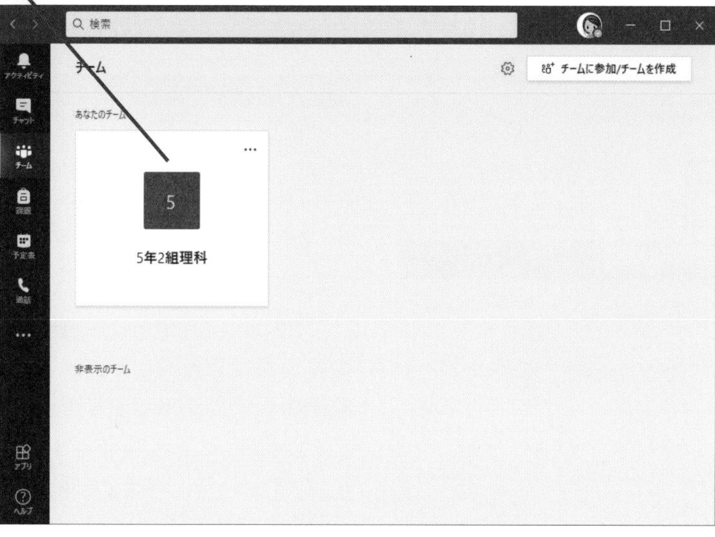

[一般] チャネルの [投稿] タブが表示される

2 [チーム] タブにマウスカーソルを合わせる

チャネルの一覧が表示された

3 表示したいチャネルをクリック

授業内容が表示される

間違った場合は？

手順2でサインイン画面が表示されたときは、レッスン㊸の手順2を参考に学校から配られた自分のメールアドレスとパスワードを入力してサインインします。

HINT! チーム画面が表示されたままのこともある

画面が広いパソコンを使っているときは、手順3で画面右側に表示されるチーム画面がいつも表示されたままになります。表示されたままの場合は、[チーム] をクリックせずに、そのままチャネルをクリックしてみましょう。

HINT! チャネルの一覧を閉じるには

手順3の下の画面で開いたチャネルの一覧画面は、表示が重なった奥の画面をクリックすることで閉じることができます。

Point クラスの中で勉強する

Teamsで授業を受けるときは、まず [チーム] からクラスに入ります。科目ごとにクラスが分けられているときは、時間割などに合わせて科目ごとのチームに入りましょう。チームの中には、いろいろなチャネル（作業スペース）があります。まずは、どんなものがあるのかを見ておくといいでしょう。

レッスン 46

メッセージを確認しよう

メッセージ

Teamsでクラスの先生や友だちとメッセージをやり取りしてみましょう。先生が書き込んだメッセージを見たり、自分でメッセージを書き込んだりできます。

1 メッセージを選択する

レッスン㊺を参考にクラスを表示しておく

1 [投稿] タブをクリック

2 [いいね!] を付けるメッセージをクリック

リアクションが表示された

キーワード

Teamsアプリ	p.180
チーム	P.182
チャット	P.182
チャネル	P.182

HINT!

みんなと話すならチャネル 直接の相談はチャット

先生やクラスの友だちみんなと話したいときは、このレッスンの手順のようにチャネルの[投稿]を使います。自分が書き込んだメッセージは、クラスのほかの人も見ることができます。先生と相談したいときなど、他の人にメッセージを見られたくないときは、左側の［チャット］をクリックして、宛先に先生を選んで直接メッセージを送ります。

間違った場合は？

違うメッセージに［いいね！］を付けてしまったときは、もう一度、手順1の下の画面を表示して、付けたアイコンと同じものをクリックすることで、［いいね！］などのマークを取り消せます。

2 [いいね!] を付ける

1 [いいね!] をクリック

メッセージに [いいね!] が付いた

他の人が付けた [いいね!] も表示される

HINT!
[いいね！] はみんなに表示される

メッセージに付けた [いいね！] はみんなに表示されます。また、[いいね！] を付けるとそのことが相手に通知されます。

HINT!
誰が [いいね！] したのかがわかる

[いいね！] にマウスカーソルを合わせると、[いいね！] をした人の一覧が表示されます。名前も表示されるので、誰が [いいね！] をしたのかがわかります。

HINT!
[一般] タブからはじめよう

クラスに、たくさんのチャネルがあるときは、[一般] タブをクリックしてはじめましょう。[一般] は、クラス全体や科目全般の話をするときに使います。

Point
[いいね！] から気軽にはじめよう

先生や友だちみんなと話をするときは、チャネルの [投稿] を使います。先生や友だちがメッセージを書き込んでいると、そのメッセージが読めるので、[いいね！] を付けてみましょう。[いいね！] はいろいろな意味で使えます。たとえば、「わかりました」という意味で使ったり、「いい意見ですね」と賛成する意味で使ったりできます。アイコンの種類もいろいろあるので、自分の気持ちに合わせて使い分けましょう。

レッスン

47 メッセージに返信しよう

返信

先生や友だちが書き込んだメッセージに返事を送ってみましょう。キーボードから入力した文字を使って、自分の気持ちや意見を書き込めます。

1 メッセージを確認する

レッスン㊻を参考にメッセージを表示しておく

1 返信するメッセージを確認

2 [返信]をクリック

返信の準備ができた

キーワード

チャット	P.182
チャネル	P.182
メッセージ	P.183
メンション	P.183

HINT!

自分宛のメッセージは赤く表示される

手順1の画面のように、メッセージの中には自分の名前が赤くなっているものがあります。これは「メンション（@）」という機能を使って、自分宛に送られたものです。みんなにもメッセージが見えますが、自分宛であることが強調され、通知も届きます。赤い名前を見かけたら、忘れずに［いいね！］などを押したり、返事を書き込みましょう。

HINT!

Enter キーを押すと送信される

メッセージは、キーボードの Enter キーを押すことで送信できます。間違って途中でメッセージを送信してしまったときは、［間違った場合は］を参考にメッセージの内容を直しましょう。

間違った場合は？

メッセージを間違えてしまったときは、手順2の下の画面でメッセージにマウスカーソルを合わせ、右側の［…］から［編集］をクリックすることで、メッセージを直せます。

パソコンで授業に参加しよう 第7章

2 返信を送る

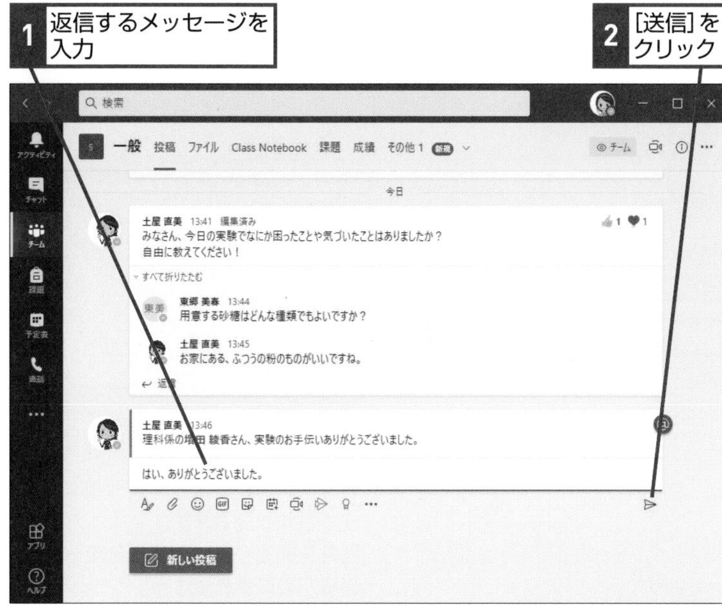

HINT! 改行するには

文章を改行したいときは、Shiftキーを押しながらEnterキーを押します。Enterキーだけだと送信されてしまうので注意しましょう。

HINT! メッセージを消すには

投稿したメッセージは、後から消すこともできます。削除したいメッセージにマウスカーソルを合わせ、右側に表示された［…］から［削除］を選びましょう。

HINT! 長い文章を入力したいときは

長い文章を入力したいときは、メッセージ入力欄の下にある[書式( )]ボタンをクリックします。この状態で入力すると、Enterキーで改行できます。また、文字を大きくしたり、色を付けたりすることもできます。

Point 先生や友だちと話ができる

チャネルの［投稿］には、先生や友だちが書き込んだメッセージが表示されます。メッセージに返事を書き込んで、オンラインで会話をしてみましょう。相手がメッセージを読んだり、返事を書き込んだりするまで、時間がかかることもありますが、離れていても気軽に相談や意見交換ができます。メッセージは、クラス（チーム）やチャネルごとに分けられているので、ほかにもチームやチャネルがあるときは、そのメッセージも確認しておきましょう。

レッスン

48 オンライン授業に参加しよう

会議への参加

オンライン授業に出席してみましょう。いつオンライン授業があるのかは［予定表］でわかります。時間の少し前になったら参加しましょう。

キーワード

Webカメラ	P.180
オンライン授業	P.180
チャネル	P.182
ミュート	P.183

1 授業に参加する

レッスン㊹を参考に［予定表］を表示しておく

1 授業の予定を確認

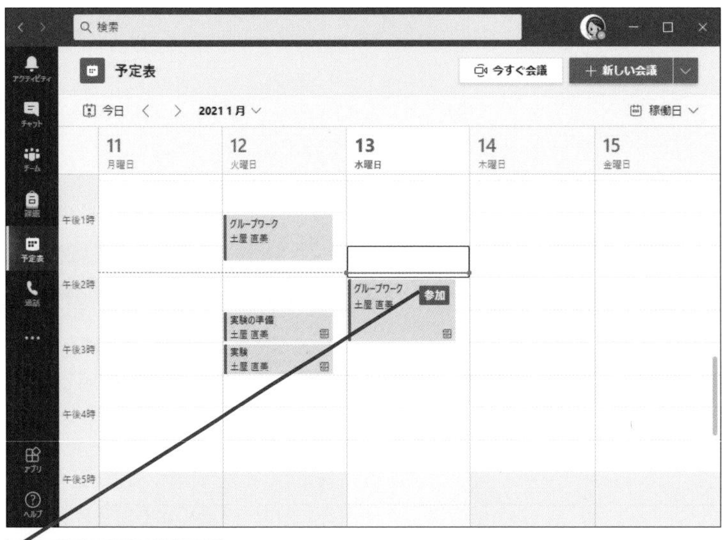

2 ［参加］をクリック

オンライン授業の準備をする画面が表示された

HINT! 授業の前に通知がくる

先生が授業の予定を登録するとメールで通知が届きます。また、先生が授業を開始すると、それを知らせる通知が表示されます。

HINT! チャネルからも参加できる

オンライン授業の予定は、その授業のチャネルにも投稿されています。授業のチャネルからもオンライン授業に出席できます。

HINT! カメラやマイクがないときは

パソコンにカメラやマイクがなくてもオンライン授業は受けられます。自分の映像や音声を先生に届けることはできませんが、先生の映像を見たり、音声を聞いたりすることはできます。

間違った場合は？

参加する授業を間違えたときは、手順1の下の画面で［キャンセル］をクリックし、正しい授業に参加し直します。

2 音声を設定する

ここではカメラをオフにして手順を進める

1 [コンピューターの音声]をクリック

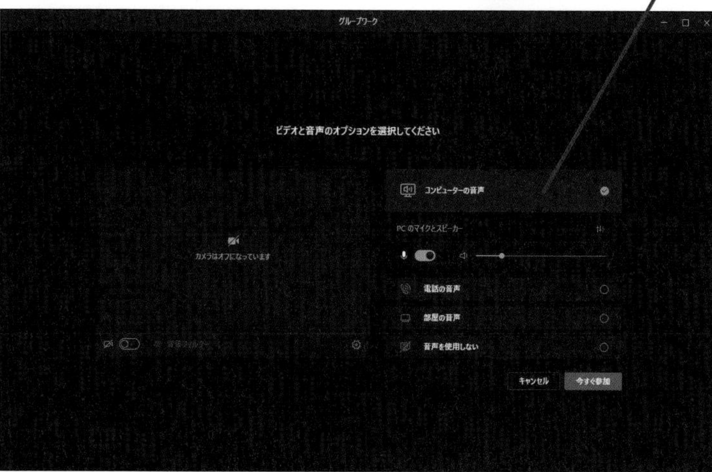

コンピューターの音声がオンになった

2 [マイク]をクリック

マイクがミュートになった

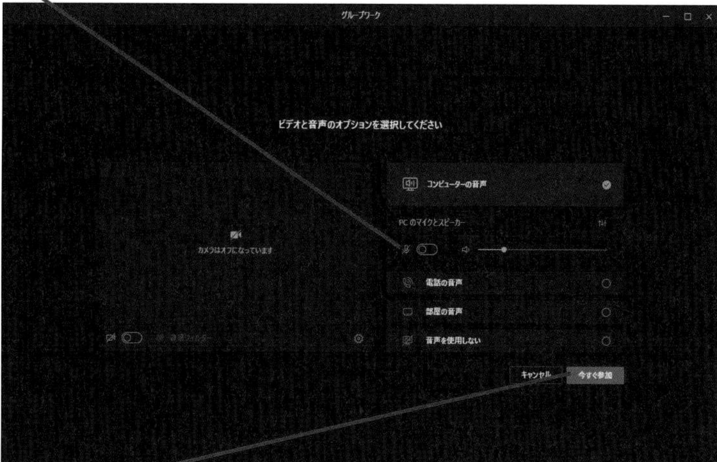

3 [今すぐ参加]をクリック

オンライン授業に参加できる

HINT! カメラやマイクはどう設定すればいいの？

カメラはオンでもオフでもかまいませんが、普通はオンで使います。音声は、手順2で必ず［コンピューターの音声］を選んで使えるようにしますが、普段は［ミュート］（音を伝えない状態）にしておきます。

HINT! カメラやマイクが複数つながっているときは

パソコンにカメラやマイクが2つ以上つながっているときは、どのカメラやマイクを使うのかを選びます。次のように［PCのマイクとスピーカー］の隣にある［デバイスの設定］アイコンをクリックして使いたい機器を選びましょう。

1 [デバイスの設定]をクリック

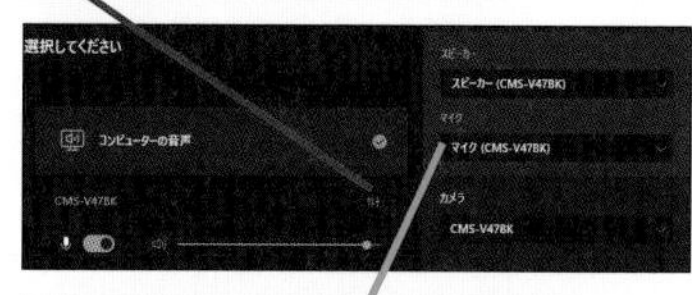

パソコンに接続した機器を選択する

Point 出席前にカメラとマイクを設定する

オンライン授業には、［予定表］やチャネルに登録されている予定から参加できます。クリックするだけですぐにつながりますが、最初はカメラやマイクの設定が必要です。カメラはオンでもオフでもかまいませんが、マイクはミュートにしておきましょう。設定ができたら、［今すぐ参加］をクリックすることで、授業につながります。

レッスン
49 先生や黒板を表示しよう

ピン留め

オンライン授業につながったら、画面を確認してみましょう。先生やクラスのみんなの映像が画面に表示されます。先生や資料の画面を大きくしてみましょう。

1 先生の画面をピン留めする

レッスン㊽を参考にオンライン授業に参加しておく

先生と他の生徒が同じ大きさで表示されている

1 先生の画面にマウスカーソルを合わせる

［その他のオプション］が表示された

2 ［その他のオプション］をクリック

3 ［ピン留めする］をクリック

キーワード

Webカメラ	P.180
オンライン授業	P.180
ピン留め	P.182
ミュート	P.183

HINT!
はじめから先生が大きく表示されることもある

先生が、自分の画面を大きく表示するように設定しているときは、自分でどの画面を大きくするか（ピン留めするか）を選べません。

HINT!
カメラをオフにしている人は表示されない

カメラをオフにしている人は、アイコンしか表示されません。自分がカメラをオフにしているときは、先生にも、クラスの友だちにも映像は表示されません。

HINT!
右クリックでも設定できる

手順1の下の画面で表示している［その他のオプション］は、画面を右クリックすることでも表示できます。

パソコンで授業に参加しよう 第7章

テクニック カメラやマイクを設定するには

カメラやマイクは、画面上に表示されているアイコンですぐにオン/オフできます。カメラはどちらでもかまいませんが、マイクは普段はオフにしておき、発言するときだけオンにしましょう。また、先生の声が大きすぎたり、小さすぎたり感じるときは、手順2で画面上に表示されている［…］をクリックして、［デバイスの設定］を表示することで、スピーカーの音量を調整できます。

ここをクリックするとカメラやマイクをオンにできる

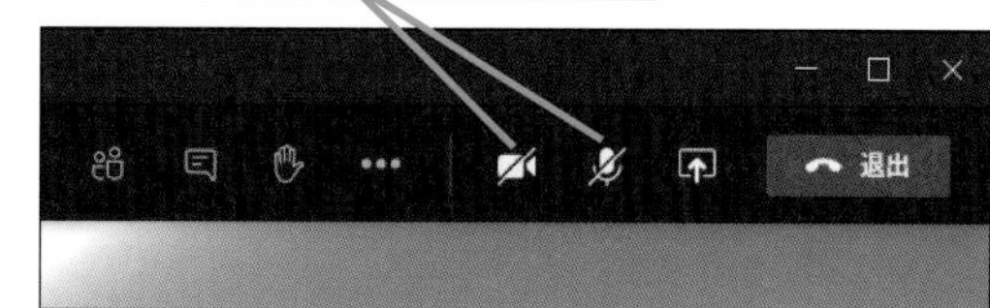

2 画面を確認する

先生の画面が大きく表示された

他の生徒は小さく表示される

ピンのマークをクリックすると画面が元に戻る

HINT! 誰が参加しているのかを見るには

誰が授業に参加しているのかを見たいときは、画面上にある［参加者を表示（）］をクリックします。すると、参加している人が右側に一覧表示されます。

間違った場合は？

オンライン授業につないでも誰も表示されないときは、参加する授業を間違えているかもしれません。［退出］をクリックして、もう一度、予定表を確認してオンライン授業に参加してみましょう。

Point 困ったときは先生に相談しよう

オンライン授業につなぐと、すぐに先生の映像が表示されます。先生が大きく表示されたら、このレッスンの操作は必要はありません。そのまま授業がはじまるまで待ちましょう。もしも、先生が表示されなかったり、音が聞こえなかったりするときは、先生に相談してみましょう。次のレッスンで紹介するチャットを使うと、先生と文字で会話できます。

レッスン

50 授業中に質問や回答をしてみよう

手を挙げる

授業中に質問したり、先生からの問いかけに答えたりしてみましょう。チャットや[手を挙げる]で自分の意見を先生に伝えられます。

1 メッセージを作成する

レッスン㊾を参考に先生の画面をピン留めしておく

1 [会話の表示]をクリック

[会議チャット]画面が表示された

2 [新しいメッセージの入力]をクリック

3 メッセージを入力

[送信]をクリックするとメッセージが全員に送られる

キーワード

チャット	P.182
チャネル	P.182
手を挙げる	P.182
メッセージ	P.183

HINT!

[いいね!]で反応しよう

チャットに書き込まれたメッセージにマウスカーソルを合わせると、[いいね!]などのアイコンを付けられます。ほかの人の意見に賛成したり、良い意見だと思ったりしたときは[いいね!]を付けましょう。また、[いいね!]を使って出席をとることもあります。

HINT!

メッセージはみんなに表示される

チャットに投稿したメッセージは、授業に参加しているみんなに表示されます。また、授業の記録として保管されます。授業に関係ないことや友だちへのメッセージは書き込まないようにしましょう。

間違った場合は?

間違ったメッセージを投稿してしまったときは、メッセージにマウスカーソルを合わせて[…]から[編集]を選ぶことで内容を直せます。

2 手を挙げる

先生からのメッセージを確認

1 [手を挙げる] をクリック

手を挙げた状態になった

他の生徒が手を挙げていることも表示される

先生からのメッセージを確認

2 [手を下ろす]をクリック

元の状態に戻った

HINT!

チャネルでチャットを確認できる

チャットの内容は、後から確認できます。授業が終わると、チャネルに終了した授業のチャットが投稿されるので、後から確認したいときはチャネルを見ましょう。授業が録画されている場合は、後から授業の映像を見直すこともできます。

HINT!

手を挙げている人数がわかる

手を挙げている人がいるときは、画面上の［参加者を表示（人の形のアイコン)］のところに人数が表示されます。また、[参加者を表示]をクリックすると、誰が手を挙げているのかもわかります。

Point

チャットや［手を挙げる］で先生と話そう

オンライン授業では、マイクやカメラを使って先生と話をすることもできますが、みんなが一度に話すと混乱してしまいます。このため、先生と話をするときは、チャットや［手を挙げる］を使います。ここでは文字でメッセージを入力しましたが、キーボードが苦手なときは、［手を挙げる］で先生に指名してもらってから、マイクをオンにして声で質問したり、回答したりすることもできます。

レッスン

51 授業の録画を見よう

ビデオを再生

授業を欠席してしまっても安心です。先生が録画した授業やそのときのチャットを後から簡単に見られます。授業内容を復習したいときにも活用しましょう。

1 ビデオを再生する

レッスン㊹を参考に［チャネル］の画面を表示しておく

1 授業のチャットをクリック

2 ［ビデオを再生］をクリック

ビデオの再生が始まった

キーワード

タブ	P.182
チャット	P.182
チャネル	P.182
ホワイトボード	P.183

HINT!

チャネルに投稿される

先生がTeamsで録画した授業は、チャネルの［投稿］に保存されています。Teamsでは、クラスの中にチャネルがあるので、まずは［チーム］からクラスを選び、さらにチャネルを選んで、［投稿］タブをクリックしましょう。

HINT!

授業中のチャットも見られる

チャネルには、録画された映像だけでなく、授業中に書き込まれたチャットのメッセージも保存されています。授業中の質問などを見たいときは、メッセージも確認しておきましょう。

間違った場合は？

先生が授業を録画していないときは、録画された映像は表示されません。見つからないときは先生に聞いてみましょう。

② ビデオを終了する

ビデオを一時停止する

1 画面の上にマウスカーソルを合わせる

ビデオのメニューが表示された

2 [一時停止] をクリック

ビデオが一時停止した

[再生] をクリックすると一時停止したところから再生する

ビデオをすべて見終わった

3 ここをクリック

ビデオ画面が閉じる

HINT! 録画されない画面もある

ホワイトボードを使ったときなど、授業中に使ったアプリの種類によっては、その画面が録画されないことがあります。すべての画面が録画されるわけではありません。

HINT! 画面全体に表示するには

手順2の画面で、右下の［全画面表示（斜めの矢印）］をクリックすると画面全体に映像を表示できます。また、［1x］をクリックすると、映像の再生速度を変えられます。

Point わからないところを確認しておこう

授業の録画は、後から何度でも見られます。欠席してしまったときはもちろんのこと、わからないところがあったときなども録画を見直してみましょう。もう一度見ることで、苦手なところもわかるようになることがあります。

レッスン

52 課題を確認しよう

先生が出した課題（宿題）を確認してみましょう。どんな課題をいつまでに出せばいいのかを確認したり、パソコンで作った課題を提出したりできます。

課題

1 課題を確認する

レッスン㊹を参考に［チャネル］の画面を表示しておく

1 ［課題］タブをクリック

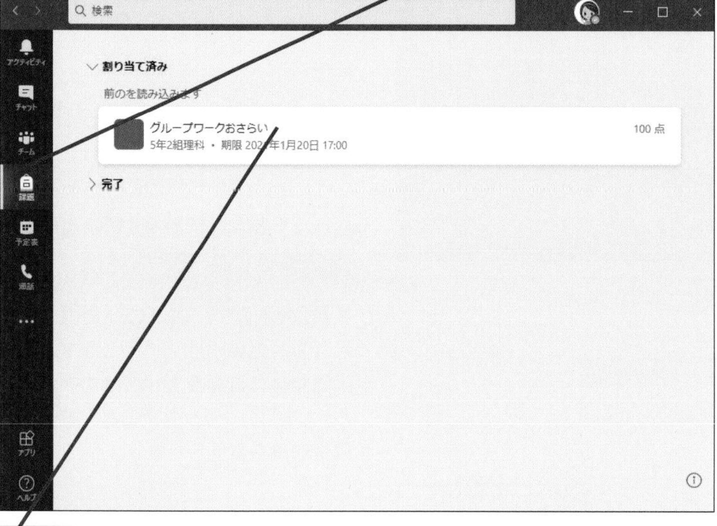

2 課題をクリック

課題が表示された

キーワード

課題	P.180
タブ	P.182
チーム	P.182
チャネル	P.182

HINT!

自分に出された課題をまとめて確認できる

このレッスンのように、Teamsの左側に表示されている［課題］アイコンをクリックすると、自分に出されている課題がすべて表示されます。ほかの科目の課題も全部表示されるので、ここから課題を確認すると、出し忘れる心配がありません。

HINT!

クラスからも課題を確認できる

課題は、クラス（チーム）の［一般］チャネルにある［課題］タブからも確認できます。ただし、クラスの［課題］タブでは、その科目の課題しか表示されません。

間違った場合は？

先生が課題を出してないと、手順1の画面に課題は表示されません。先生に確認してみましょう。

2 課題を提出する

課題を［作業の追加］から添付しておく

1 ［提出］をクリック

課題が提出された

間違えて提出した場合は［提出を取り消す］をクリックしてやり直す

HINT! 提出方法は課題によって違う

どんなファイルを使って、どのような内容の制作物を提出すればいいかは課題によって違います。課題の［手順］にどうすればいいのかが書いてありますが、わからない場合は、その科目のチャネルの［投稿］から先生に聞いてみましょう。

HINT! 期限を過ぎたらどうなるの？

期限が過ぎた課題は赤く表示されます。期限が過ぎても提出できるかどうかは、課題によって違います。先生が許可している場合は提出できますが、許可していない場合は期限を過ぎると提出できません。

Point 課題がないかをチェックしよう

やらなければいけない課題があるかどうかは、このレッスンのように［課題］を開くだけで、すぐに確認できます。どんな課題をいつまで出せばいいのかが書いてあるので、しっかりと確認しておきましょう。また、課題の期日は、［予定表］にも表示されます。出し忘れたり、遅れたりしないように、期日を確認しておきましょう。

レッスン

53

クイズに回答しよう

小テスト

科目によっては、Teamsを使ってテスト（クイズ）が実施されることがあります。先生からテストが出されたら、［課題］から回答しておきましょう。

1 小テストを表示する

レッスン52を参考に課題を表示しておく

1 小テストをクリック

小テストの画面が表示された

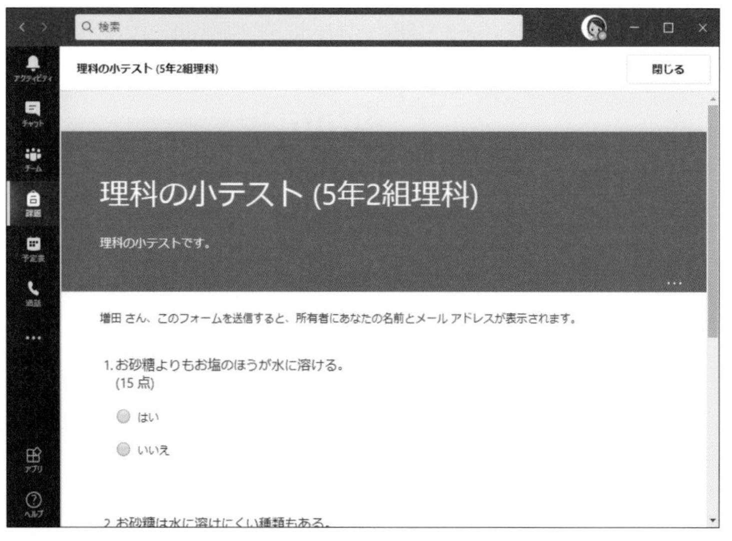

キーワード

HINT!

テストも［課題］に表示される

テストも、前のレッスンで説明した課題（宿題）と同じように［課題］に表示されます。一覧からテストをクリックすると、テスト画面が表示されるので、画面上の問題を読んで、回答しましょう。

HINT!

記入式のテストもある

ここでは、マウスを使って答えを選ぶ方式のテストを紹介しましたが、問題によっては、キーボードを使って文章を入力する場合もあります。先生や科目によって、いろいろなテストがあります。

間違った場合は？

手順2で［送信］をクリックすると、回答を変更できません。回答を間違えたことに気づいたときは、［送信］をクリックする前に答えを直しましょう。

2 回答を送信する

テストの問題に答える　1 [送信]をクリック

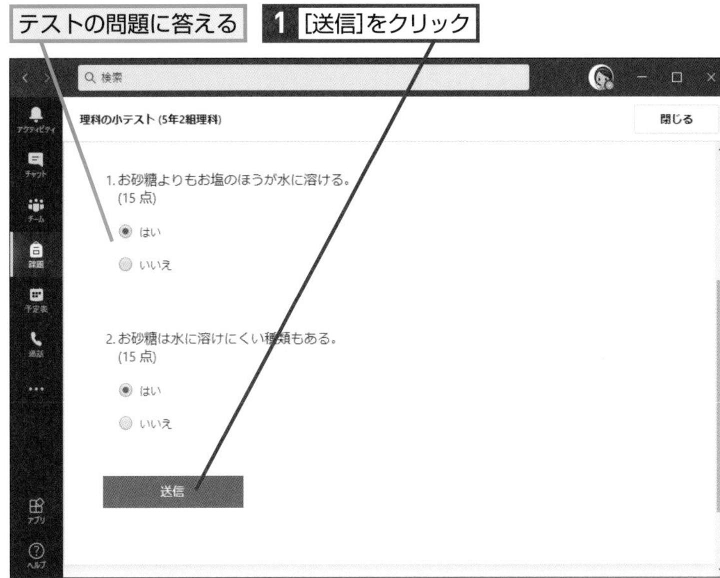

回答が送信された

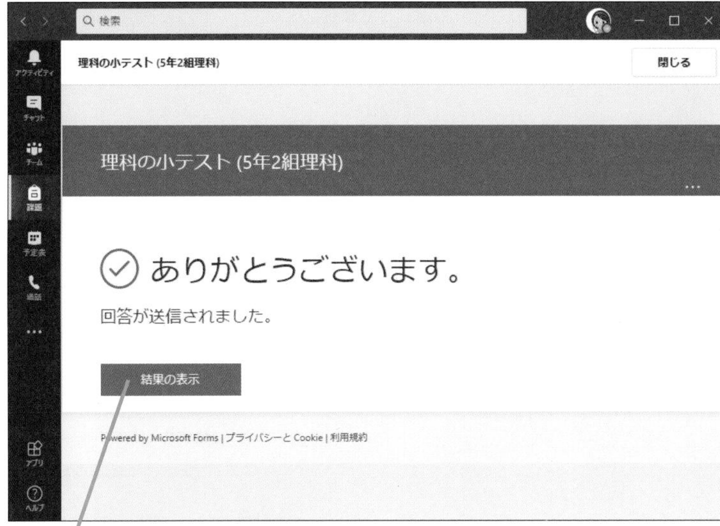

回答内容を確認したい場合は
[結果の表示]をクリックする

HINT!

内容は記憶される

途中で［閉じる］をクリックしても、そこまでに入力した回答は消えません。もう一度、［課題］から開くことで、途中から回答を続けることができます。

HINT!

点数を確認するには

提出した課題やテストは、手順1で［課題］をクリックした後、一覧で［完了］をクリックして開くことで確認できます。先生が点数やコメントを入力して返却すると、チャットで通知が表示されます。完了した課題の一覧やチャットから課題を表示すると点数や先生のコメントを確認できます。また、クラスの［一般］チャネルで［成績］タブを開くと、今までの課題やテストの成績も確認できます。

Point

テストも忘れずに受けよう

授業によっては、授業が終わった後や単元の区切りにテストが出されることがあります。［課題］から確認できるので、忘れずに取り組みましょう。Teamsの画面で、マウスやキーボードを使って、その場でテストを受けることができます。また、返却もTeamsでされるので、点数なども簡単に確認できます。

この章のまとめ

先生といっしょに使い方を覚えよう

この章では、パソコンを使って授業を受けるやり方や課題やテストを受ける方法を紹介しました。今まで教室で受けてきた授業とは、感じ方がずいぶん違うと思います。たとえば、出席の取りかたや発言のしかたは、普段の教室の授業とはまったく違います。Teamsならではの使い方やクラスで決めたルールを守らないと授業が進まなくなってしまうので、先生といっしょに少しずつ使い方を覚えるようにしましょう。

実践例を参照しよう

Teams for Educationは、実際の教育現場でどのように活用されているのでしょうか？　この章では、小学校、中学校、高校のそれぞれの環境でのTeams for Educationの実践例を各学校の先生にご寄稿いただきました。

●この章の内容

レッスン
54 小学校でのコミュニケーションの事例を知ろう
千葉大学教育学部附属小学校の場合

小学校における実践例として、千葉大学教育学部附属小学校の小池翔太先生にご寄稿いただきました。授業以外にも活用することで新しい学びを得ています。

1 全校の子どもたちをチームに招待する

全校の子どもたちにアカウントを配布し、学年と学級の2つのチームに招待する

2 オンライン朝の会を開催する

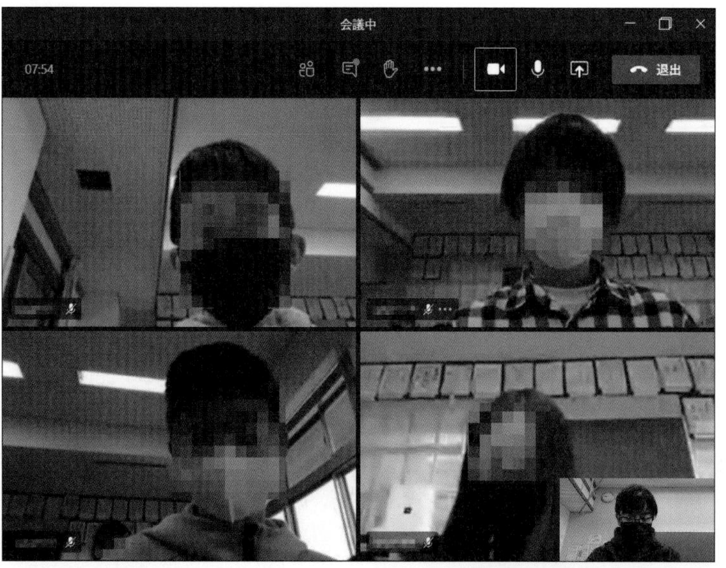

毎朝オンラインで朝の会を開催

子どもたちの健康状況の確認や心理的負担のケアを行う

キーワード

アカウント	P.180
タブレット	P.182
チャット	P.182
チャネル	P.182

HINT!
保護者向けに活用の趣旨を配布

学校から割り当てたOffice 365のアカウント、パスワードに合わせて、保護者向けに活用の趣旨を含めた重要文書を配布しています。子どもたちが自宅から参加するには端末が必要ですが、パソコンやタブレットの場合とスマートフォンで準備するものが異なります。パソコンやタブレットの場合は、オンライン環境の整備が必要な場合もあります。

HINT!
参加できなかった児童も後から閲覧できる

Teamsのビデオ会議機能でのコミュニケーションは、各チームのチャネルから簡単に開始できるのがメリットです。参加できなかった人も、チャットの記録を読み直したり、録画した動画を見返したりすることもできます。そのため、ビデオ会議が終わった後も、チャットが盛り上がった続きを投稿することもできます。

3 質問タイムを設ける

朝の会の後にオンライン質問タイムを設けて子どもたちの質問を受ける

教科書などの画像を共有する

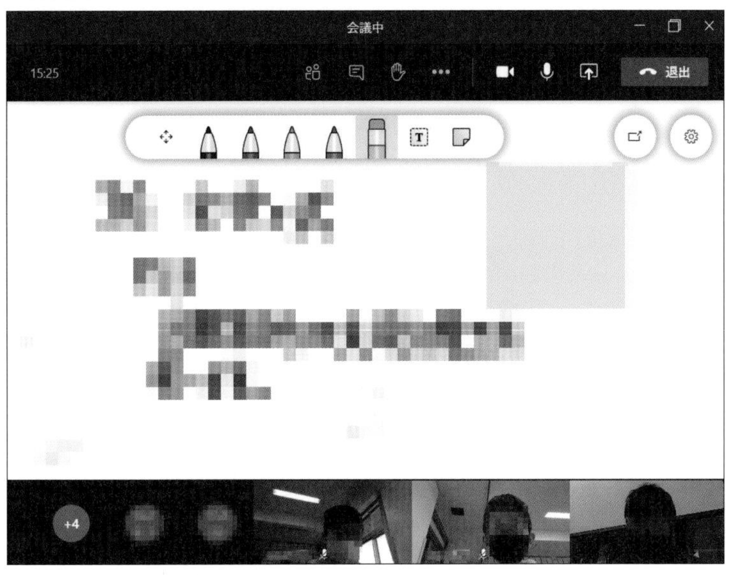

必要に応じて担当教員と相談する

4 「やってみた」チャネルを作る

子どもたちが投稿できる「やってみたチャネル」を作る

子どもたちが自ら挑戦する学習を奨励する

HINT!
子どものペースで学びを進められる環境づくり

質問を自由にできる時間を設けることも、便利な活用方法の1つです。画面共有の際に「Microsoft Whiteboard」を選択すれば、子どもの顔を見ながらホワイトボードに書いて解説することもできます。

HINT!
子どもたちがお互いに学びを深めた

「やってみた」チャネルを作ったことで、子どもたちの学びの機会が広がったことは大きな発見でした。家の手伝いをしたこと、料理をしたこと、遊んだことなど、さまざまな発信が行われ、子どもたち同士に活発なコミュニケーションが生まれました。Teamsの活用が継続するにつれて、子どもたちからの投稿数も徐々に減っていく傾向にありましたが、「日記チャネル」を設けることで、Teamsへの投稿が習慣化すると効果的なようです。

Point
先生も「やってみる」ことが重要

Teamsは授業での学びに加え、さまざまなコミュニケーションの場面で活用できます。自由に交流ができる環境を整えて、子どもたちの情報発信を活性化していきましょう。それによって、子どもたちの学びの幅も広がります。そのためには教師自身も、Teamsで積極的に発信することが大切です。教師自身も「やってみた」ことを投稿して子どもたちに意外な一面を知ってもらうなど、その人に合ったさまざまな活用法を模索してみましょう。

レッスン 55

中学校で授業補助に活用している事例を知ろう

東京学芸大学附属国際中等教育学校の場合

中学校における実践例として、東京学芸大学附属国際中等教育学校の渡津光司先生にご紹介いただきます。課題やチャットなどを授業のサポートに使っています。

1 学年ごとにチームを作成する

担当教科の技術科について学年ごとにチームを作成する

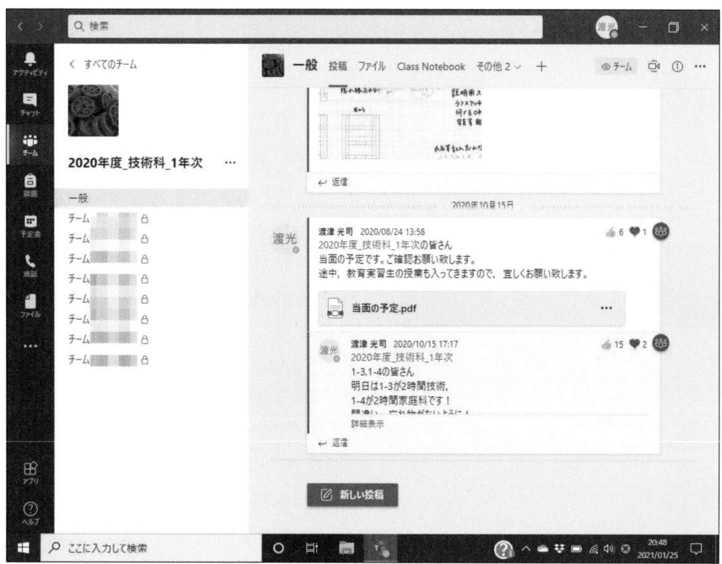

2 プリントを共有する

[ファイル] でプリントを共有する

プリントのファイル名は科目ごとに決定している

キーワード

課題	P.180
チーム	P.182
チャット	P.182
メンション	P.183

HINT!

教科と学年ごとにチームを作成生徒とのやり取りに活用

年度当初に教科ごと、学年ごとにチームを作成し、授業のサポートに活用しています。本校の技術科は週に1時間しかないため、こまめに連絡をしたり生徒の状況を把握したりすることは、なかなか難しい現状です。そこでTeamsを活用し、授業を円滑に進めたり、連絡をスムーズに行ったりしています。また、先生と生徒で一緒に授業を作っているという感覚も得られます。まずはやってみる、という意識で使いはじめましたが、今では授業に欠かせないツールになっています。

3 授業に関する連絡をする

チャットを使って授業に関する連絡を全員にしている

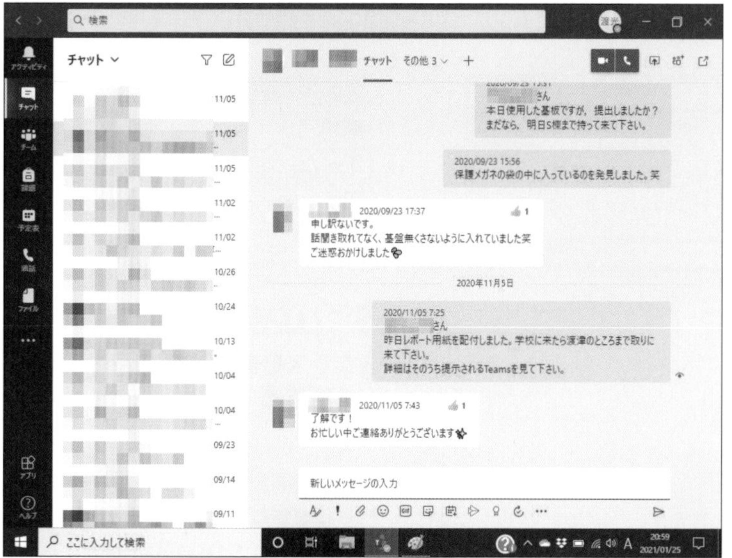

メンションや個別チャットも使う

4 班ごとにチャネルを作る

実習の班ごとにチャネルを作り生徒同士にやり取りをさせている

HINT!

課題の締め切りなどに効果 生徒同士のやり取りも活発に

メンションや個別チャットを使うことで、連絡の漏れがかなり減ったように思います。また、生徒はメンションされて目立つのを嫌うためか、課題の提出忘れや遅れが少なくなったように感じます。ほか、実習の班ごとにチャネルを作っていますが、そこでは生徒同士でやり取りをさせています。チャットで活発に議論を交わしている様子も見られ、主体的に課題に取り組んでいるようです。

Point

SNSアプリのように始められる 慣れたら豊富な機能を試そう

Teamsを活用する場合は、まずはチャットが主体になると考えています。その視点から見ると非常に分かりやすいインターフェースになっており、抵抗感なく使えるのではないかと思います。私自身も、スマートフォンで利用するSNSのアプリのように感じています。Teamsには他にも豊富な機能がありますが、まずは「習うより慣れよ」で、使ってみることが大切ではないでしょうか。私も、今年度は連絡を中心に使っていましたが、来年度はオンライン授業を行ったり、Class Notebookで課題を出したりするなど、新しい機能に慣れてみようと思います。

レッスン 56

高校で学外活動に援用している事例を知ろう

滋賀県立米原高等学校の場合

高校における実践例は滋賀県立米原高等学校の堀尾美央先生にご紹介いただきます。プライベートチャネルを活かしてクラスをまたいで生徒とやり取りをしています。

キーワード

課題	P.180
チーム	P.182
チャット	P.182
チャネル	P.182

1 教員と生徒のプライベートチャネルを作る

第3学年のチーム内に担当教員と生徒のプライベートチャネルを作る

HINT! クラスをまたいで一括連絡できる

生徒・教師間のチャットが制限されている場合でも、プライベートチャネルを作ることで、チーム内の限られた生徒とのやり取りが可能になります。今回の取り組みでは、高校3年生の学年チームに、英語の進学補習を受講している生徒のみのプライベートチャネルを作りました。クラスではなく、学年チームの中に作ることで、クラスをまたいで生徒に一括連絡できます。

2 Formsで質問を受け付ける

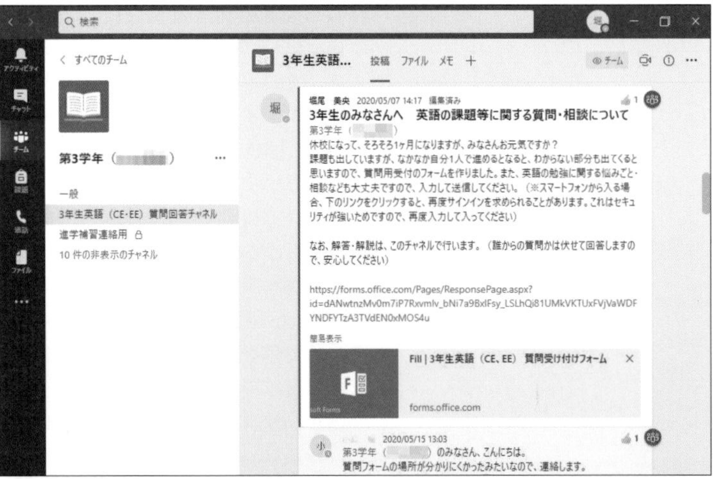

学んだ内容や復習に関する質問をFormsで一括で受け付ける

HINT! チャットには名前が出るのでFormsで質問を受け付ける

自宅学習での疑問点や質問については、Formsに質問用の受付フォームを作り、生徒各自が直接質問できるようにしました。Teamsのチャットには名前が表示されるため、投稿して質問することに抵抗がある生徒が多いことから、この方法に至りました。質問への回答は、生徒への対面での指導または質問者の名前を伏せてチーム上で回答を共有します。こうすることで、質問者以外の生徒の学習にもつながります。

3 生徒が音読データを提出する

生徒がスマートフォンで
音読を録音して提出する

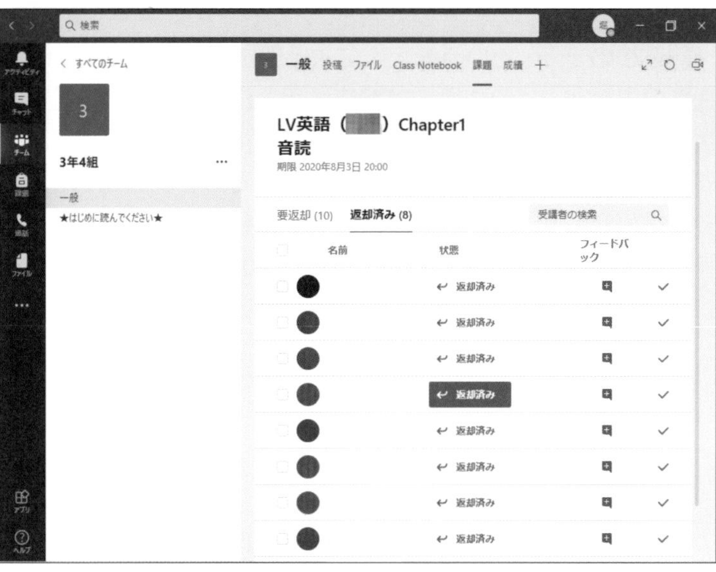

4 課題に対してフィードバックする

生徒の音読を聞いて
フィードバックする

生徒はフィードバックを活かして
次の音読に取り組む

HINT!

音読をスマートフォンから送ってもらい評価する

今回の進学補習では、英語の長文演習を行った後、復習と内容理解の目的で音読をさせました。従来なら音読は各自の取り組みで終わりがちです。しかし、Teamsを利用すれば、生徒がスマートフォンで音読を録音し、Teamsの課題機能を使って音声データを提出できます。教員は1人1人の発音や読み方を確認し、返却する際には個別にフィードバックを送ることができます。Teamsの［課題］は200名以上の生徒が参加しているチームでは使えないため、今回は各クラスのチームで、補習に参加している生徒に割り当てました。

Point

デジタルを活用して効率的かつ実りのある学びを得よう

せっかくTeamsを使うので、デジタルだからこそできることに挑戦しています。今回は、進学補習でも基礎定着を目的とする意味で、課題タブを活用した音読活動を行いましたが、授業にも十分に取り入れられる活動だと思います。個別最適化の観点からも、1人1人に合ったフィードバックを送れる点は素晴らしく、教員も前回のフィードバックを読み返せるので、効率的かつ実りのある学びに繋がると思います。

この章のまとめ

いろいろな事例を参考に積極的に活用しよう

この章では、小学校、中学校、高校でのTeams for Educationを使った授業の実践例を紹介しました。千葉大学教育学部附属小学校の小池先生の「先生もやってみよう」という積極的な姿勢による子どもたちの情報発信活性化の取り組み、東京学芸大学附属国際中等教育学校の渡津先生の「習うより慣れろ」という考え方によるTeams for Educationの積極的な機能活用、滋賀県立米原高等学校の堀尾先生の「デジタルだからこそできることに挑戦」という発想での音読活動などの新しい挑戦は、とても印象的でした。これからTeams for Educationを導入する場合のヒントとしてぜひ参考にするといいでしょう。

Teams は
どんな形にも活かせる

生徒とのやり取りにTeamsを使うことで今までにない気づきが生まれる

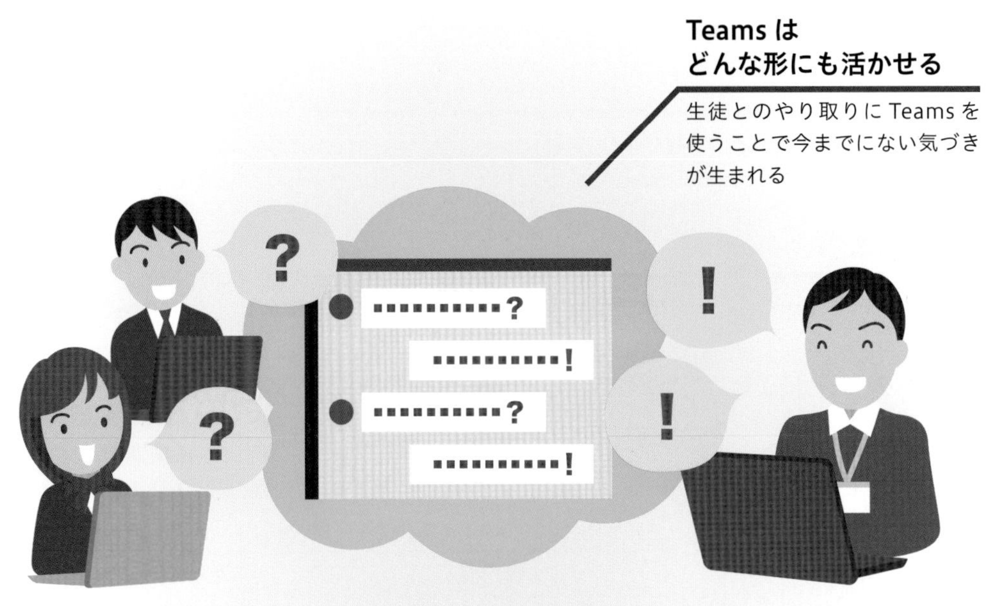

実践例を参照しよう 第8章

管理者のためのMicrosoft 365 for Educationスタートガイド

Teams for Educationを学校で導入する際は、ユーザー登録やセキュリティ設定を統括する管理者が必要です。ここでは管理の基本となるユーザー登録について解説します。

1 管理センターにサインインする

Microsoft Edgeを起動して下記のURLを入力

▼Microsoft 365管理センター
https://www.microsoft.com/ja-jp/microsoft-365/business/office-365-administration

1 [今すぐサインイン]をクリック

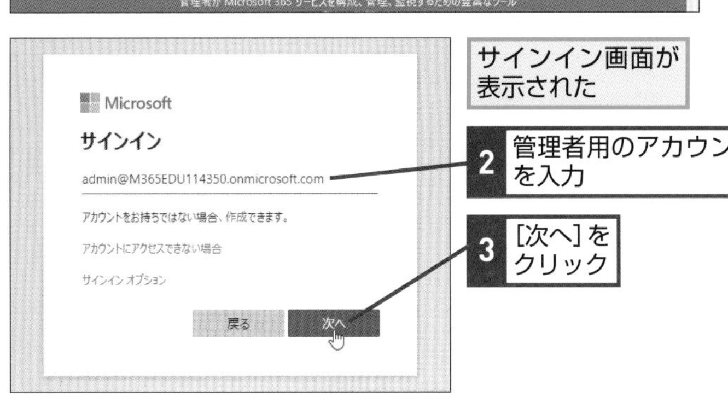

サインイン画面が表示された

2 管理者用のアカウント名を入力

3 [次へ]をクリック

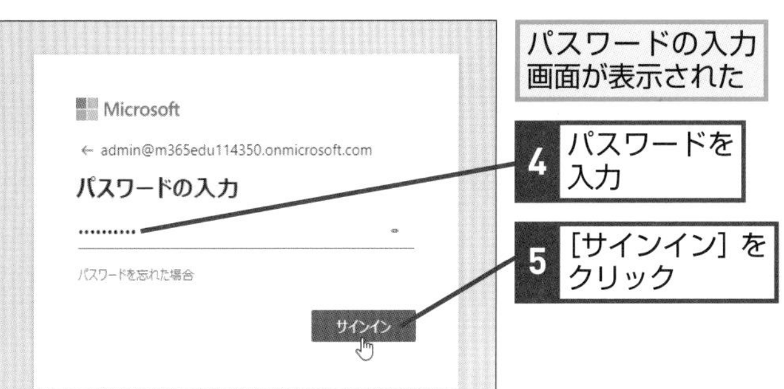

パスワードの入力画面が表示された

4 パスワードを入力

5 [サインイン]をクリック

HINT! 管理者の仕事ってなに？

管理者は、Teams for Educationを含むMicrosoft 365全体の設定を統括します。たとえば、新学期に備えて新しく入学してくる生徒をユーザーとして登録したり、利用できるライセンスを割り当てたりします。また、学校全体のセキュリティ方針を定め、それに合わせて多要素認証などの設定を有効にしたりします。

HINT! Officeホーム画面からも管理できる

Microsoft 365の管理は、Officeアプリなどを使うときに表示する「Officeホーム（https://www.office.com)」からもアクセスできます。管理者として設定されているアカウントでサインインすると、左側の一覧に［管理］というアイコンが表示されるので、そこから「Microsoft 365 管理センター」を表示できます。

HINT! サインインが省略される場合もある

Windows 10に管理者アカウントでサインインしている場合は、Microsoft 365へのサインインが自動的に行われます。この場合は、手順1のサインイン画面は表示されず、手順2の画面が直接表示されます。

次のページに続く

2 ［アクティブなユーザー］画面を表示する

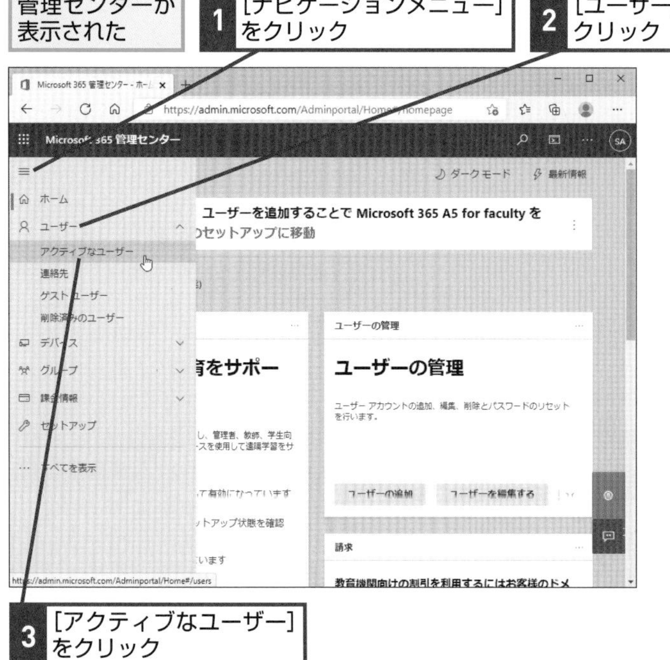

3 ［ユーザーを追加］画面を表示する

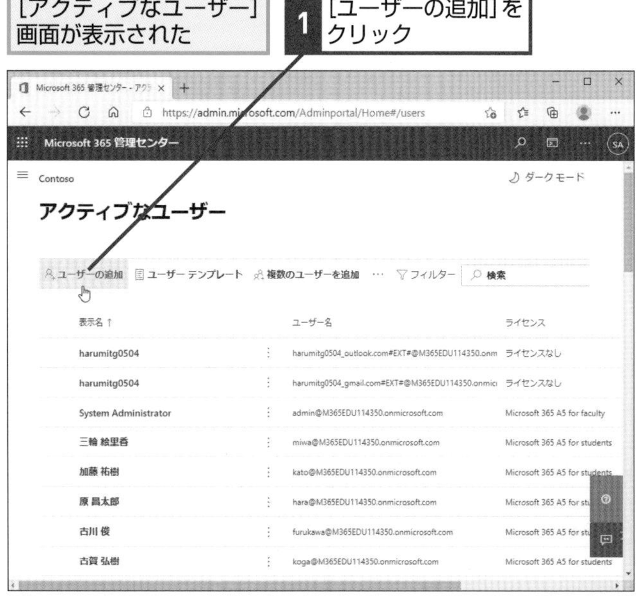

HINT! Microsoft 365 管理センターって何？

Microsoft 365 管理センターは、Microsoft 365全体の設定ができるWebサイトです。Teams for Educationにサインインするためのユーザー、Microsoft 365全体で使うアカウントとして管理されていますので、ここからアカウントを登録したり、編集したりします。

HINT! ユーザーの設定変更やパスワードリセットができる

手順3の画面には、すでに登録されているユーザー（先生や生徒、職員）の一覧が表示されます。ここから登録されているユーザーを確認したり、ユーザーを選択して設定を変更したり、パスワードをリセットしたりできます。

HINT! Teamsの設定は「Microsoft Teams管理センター」で

Microsoft 365に含まれる各アプリの設定は、それぞれの管理画面から変更します。たとえば、Teams for Educationのチームや会議の設定を変更したいときは、手順2で［すべてを表示］をクリックし、［管理センター］の中から［Teams］を選びます。

間違った場合は？

間違ったユーザーを登録してしまったときは、登録後にもう一度、手順1の［アクティブなユーザー］からユーザーを表示することで設定を変更できます。

4 基本設定を入力する

[基本設定] 画面が表示された

ユーザーの基本的な情報から入力する

1 ユーザーの姓を入力

2 ユーザーの名を入力

入力が完了すると表示名が自動的に入力される

HINT! 姓名はひらがなも使える

ここでは、姓名を漢字で入力しましたが、ひらがなやカタカナで入力することもできます。ただし、人名用の特殊な漢字など、一部利用できない漢字もあります。

HINT! 表示名は任意のものでかまわない

表示名は、入力した姓と名から自動的に入力されますが、任意のものに変更してもかまいません。

HINT! 複数ユーザーをまとめて登録するには

新学期など、たくさんのユーザーを登録する場合、この手順のように一人ずつ登録すると手間がかかります。手順3の画面で[複数のユーザーを追加] をクリックし、Excelなどで作成した表形式のユーザー一覧データを使ってまとめてユーザーを登録しましょう。

HINT! ユーザー名はどうやって付ければいいの？

ユーザー名には、英数字と一部の記号（_、-、'、.）のみを利用できます。ここでは先生用のアカウントを想定してローマ字表記の名前を設定しましたが、生徒用のアカウントを登録する場合は、ユーザー名として学籍番号を利用するのが一般的です。同じユーザー名を設定できないため、ローマ字表記だけだと同姓同名での登録が困難になるためです。

次のページに続く

5 アカウントを設定する

ユーザーがTeams にサインインする際のアカウントを設定する

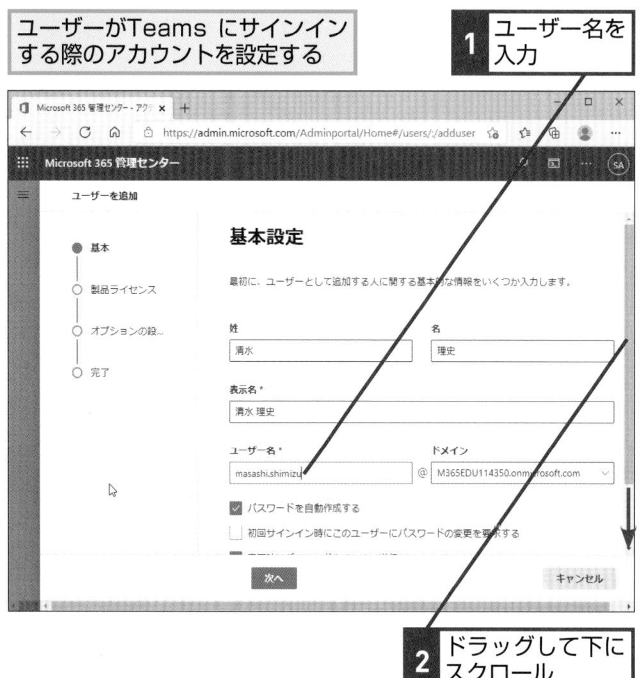

6 パスワードを設定する

パスワードを設定する

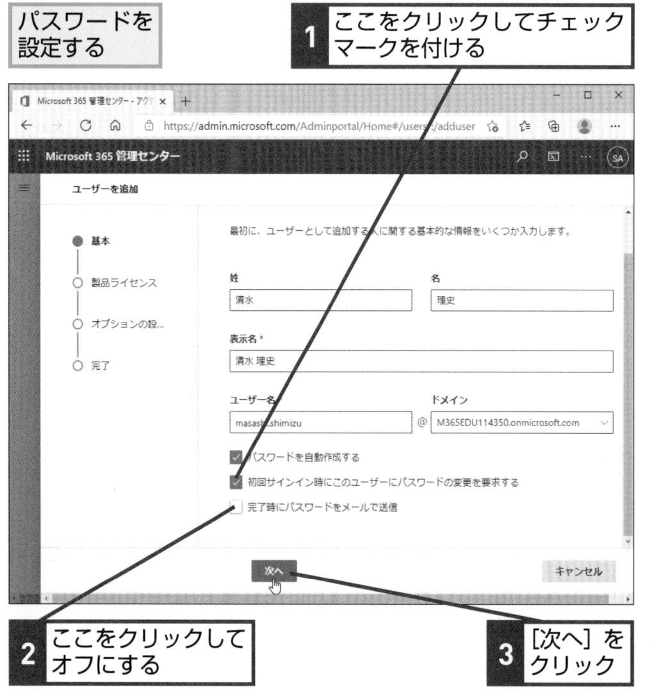

HINT! 記号の扱いに注意

ユーザー名に記号を使うときは場所に注意が必要です。たとえば、姓名を分けるときに「. (ピリオド)」を利用することができますが、ピリオド末尾に使うことはできません。なお、先頭に付けたり、重複させたりすることはできますが、これらはメールアドレスの命名ルールとして正しくないため利用を避けた方がいいでしょう。

HINT! ドメインは学校によって異なる

Microsoft 365では、標準では「●▲■.onmicrosoft.com」というドメイン名が利用されます。これを「●▲■.ed.jp」などの教育機関向けの独自ドメインに変更することができます。164ページの手順2の画面で[セットアップ] をクリックし、[カスタムドメインを設定する] から自分の学校で取得したドメインを登録しましょう。

HINT! パスワードを変更してもらう

登録したアカウントでサインインするためのパスワードは自動生成されます。170ページの手順10に表示されるので、ユーザー名と一緒にパスワードを生徒に伝えましょう。ここでは、手順6で [初回サインイン時にこのユーザーにパスワードの変更を要求する] にチェックを付けているので、2回目以降は最初のサインイン時に生徒が自分で設定したパスワードでサインインします。

間違った場合は？

姓名などを間違えてしまったときは、手順7の画面で [戻る] をクリックすることで設定し直せます。

ライセンスを割り当てる

[製品ライセンスの割り当て]画面が表示された

ユーザーにMicrosoft 365のライセンスを割り当てる

1 ドラッグして下にスクロール

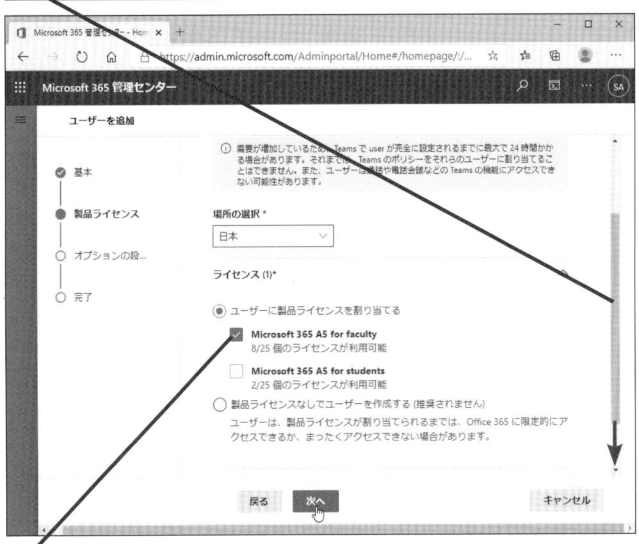

2 ここをクリックしてチェックマークを付ける

HINT!

ライセンスを購入するには

ユーザーを登録しても、そのユーザーにライセンスを割り当てないと、Teams for Educationをはじめとする Microsoft 365の機能を使えません。あらかじめ先生、生徒、職員など利用したい人数分のライセンスを購入しておきましょう。ライセンスはMicrosoftのパートナー事業者やオンラインで購入できます。

HINT!

ライセンスを確認するには

現在のライセンス数を確認したいときは、手順2の画面で[課金情報]から[ライセンス]をクリックします。利用できるライセンスの種類や数を確認できます。

HINT!

ライセンスを間違えないように注意

教育機関向けのMicrosoft 365では、先生用の「for faculty」と生徒用の「for students」の2種類のライセンスがあります。ライセンスによって使える機能が変わるので、先生と生徒で間違えないように注意しましょう。ここでは、先生用の「for faculty」を選択しましたが、生徒を登録するときは必ず「for students」を選びます。

付録

次のページに続く

8 アプリの確認をする

ユーザーが使用できるアプリを確認する

1 [アプリ] をクリック

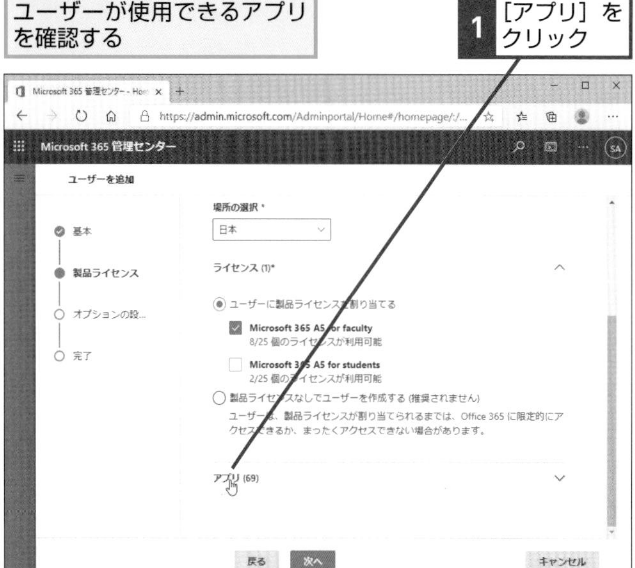

アプリの一覧が表示された

使用制限を加える場合はクリックしてチェックマークを外す

2 [次へ]をクリック

HINT! アプリは自動的に選択される

ライセンスを選択すると、それに関連するアプリが自動的に選択されます。ここでは、念のため手順8でアプリを確認していますが、通常はアプリを意識する必要はありません。ライセンスに含まれるアプリのうち、特定のアプリを使わせたくない場合など、特殊なケースでのみアプリの設定を変更します。

HINT! ライセンスをやりくりできる

ライセンスは、他のユーザーから削除して、別のユーザーに割り当て直すことができます。このため、卒業した生徒からライセンスを削除し、そのライセンスを新入生に割り当てることができます。もちろん、流用するのはライセンスだけなので、卒業生のデータが新入生に見られてしまうことなどはありません。

間違った場合は?

割り当てるライセンスを間違えてしまったときは、登録後に手順1の [アクティブなユーザー] からユーザーを選択し、[ライセンスとアプリ] の画面でライセンスを変更します。

オプションを確認する

[オプションの設定]画面が表示された

ユーザーの役割などを確認する

1 [役割]をクリック

管理許可を与える場合はここをクリックしてオンにする

2 [次へ]をクリック

HINT!

役職なども設定できる

手順9の上の画面で以下のように[プロファイル]をクリックすると、役職などの情報を設定できます。必須の項目ではありませんが、登録しておくと学校内でユーザーの役職などの情報を共有できるので便利です。

1 [プロファイル情報]をクリック

[プロファイル情報]画面で役職などを追加できる

HINT!

管理権限を割り当てられる

手順9の下の画面では、登録するユーザーにMicrosoft 365の管理権限を割り当てることができます。たとえば、自分以外にもMicrosoft 365の管理ができる先生を追加したいときは、[Admin center acces]をクリックし、その権限を設定します。[グローバル管理者]にチェックを付けると、Microsoft 365のすべての設定が可能になります。

付録

次のページに続く

10 確認して完了する

［確認と完了］画面が表示された

設定内容を確認する

1 ［追加の完了］をクリック

ユーザーの追加が完了した

2 ［閉じる］をクリック

管理センターの画面に戻る

HINT!

続けてユーザーを追加するには

複数のユーザーを追加したいときは、追加後に表示される以下の画面で［別のユーザーを追加する］をクリックします。手順4からの操作を繰り返して新しいユーザーを追加しましょう。

［別のユーザーを追加する］をクリックすると［ユーザーを追加］画面が表示される

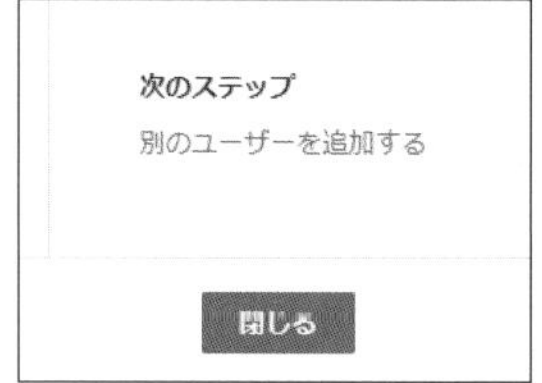

HINT!

ユーザーを削除するには

ユーザーを削除したいときは、Microsoft 365 管理センターのホーム画面に表示されている画面で以下のように［ユーザーの削除］を選択します。もちろん、手順3の［アクティブなユーザー］画面からユーザーを選択して編集したり、削除したりすることもできます。

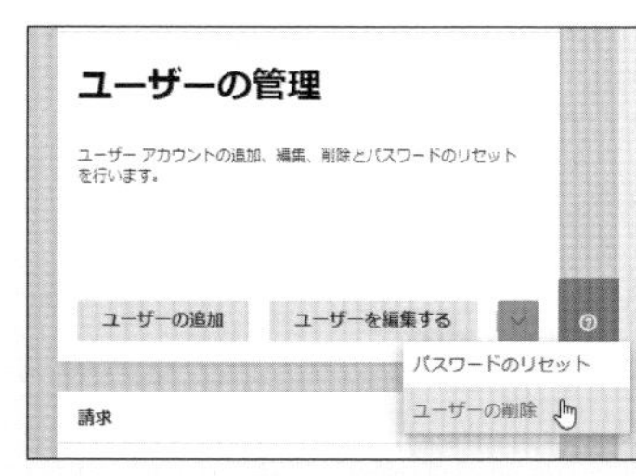

付録

付録 2

自宅のパソコンを子どもが安全に使えるようにするには

学校で配布されたパソコンではなく、自宅にあるパソコンを子どもが使うときは、「ファミリグループ」を保護者が設定しておくと安心です。安全な環境を用意しましょう。

家族のメンバーの招待

1 メンバーの招待画面を表示する

Windowsの［設定］-［アカウント］をクリックしておく

1 ［家族とその他のユーザー］をクリック

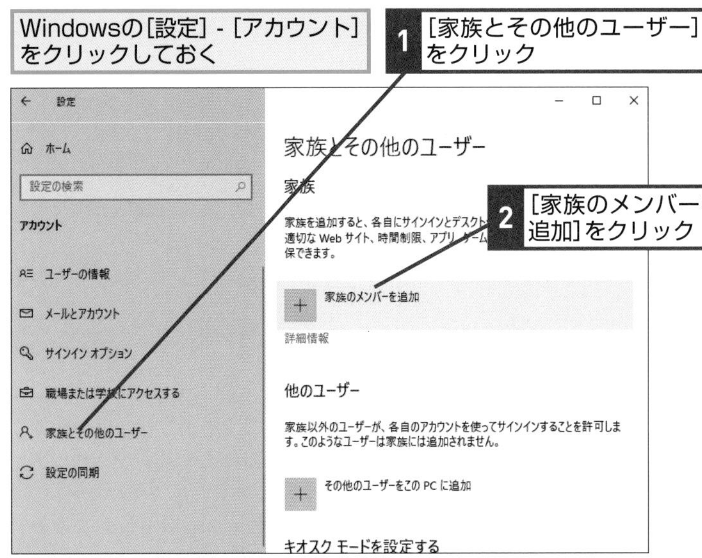

2 ［家族のメンバーを追加］をクリック

2 パソコンを利用する子どものメールアドレスを入力する

ここでは子どものメンバーを追加する

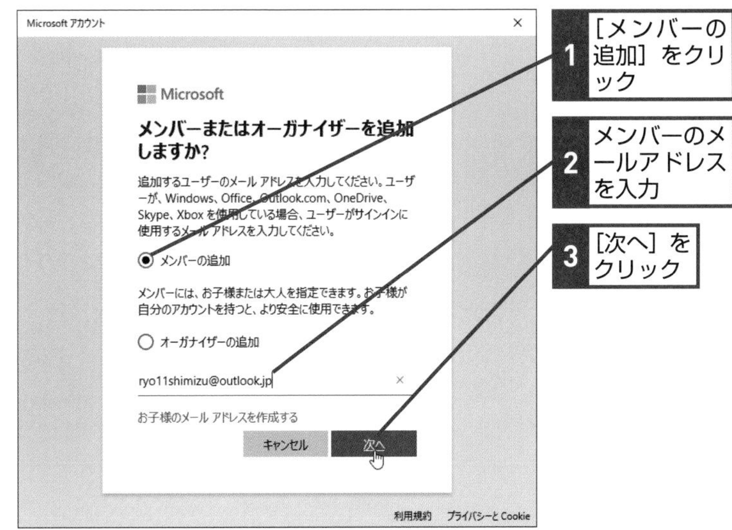

1 ［メンバーの追加］をクリック

2 メンバーのメールアドレスを入力

3 ［次へ］をクリック

HINT!

ファミリグループって何？

ファミリグループは、特定のアカウントに対して、パソコン上でできることを制限する機能です。パソコンの利用履歴を記録したり、表示できるWebページや1日の利用時間を制限したりできます。パソコンの使いすぎや子どもにはふさわしくないコンテンツへのアクセスを禁止したいときに利用しましょう。

HINT!

メールアドレスがないときは

パソコンを使い始めた子どもの場合、メールアドレスがない場合も多いでしょう。このようなときは、手順2の画面で［追加するユーザーがメールアドレスを持っていません］をクリックして、新規に子ども用のメールアドレスを登録するといいでしょう。

［お子様のメールアドレスを作成する］をクリックすると、メールアドレスを新しく取得できる

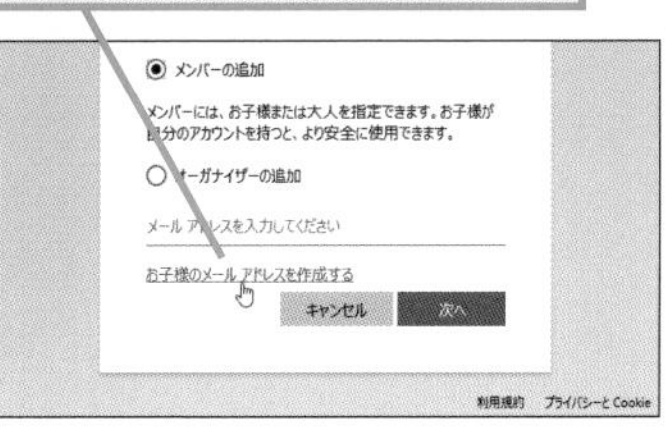

次のページに続く

3 子どものMicrosoftアカウントを追加する

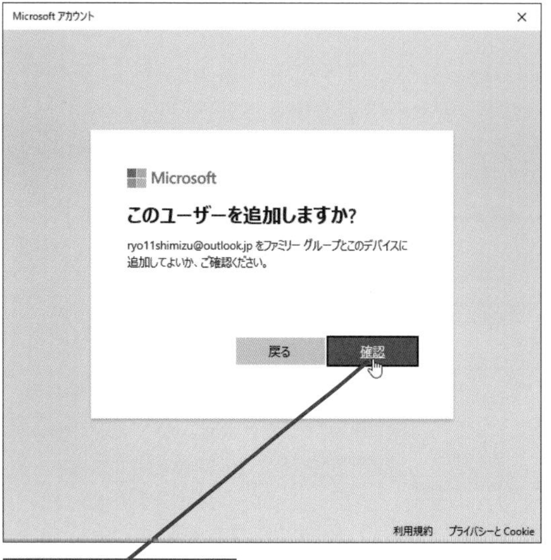

1 [確認]をクリック

4 子どものMicrosoftアカウントが追加された

手順2で設定したアカウントが［標準ユーザー］として追加された

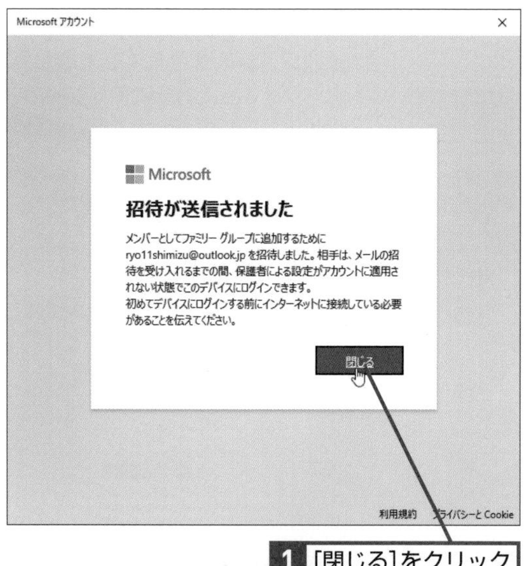

1 [閉じる]をクリック

続けて保護者が設定するときは、次のページの手順5に進む

本人（子ども）が自分で設定するときは、175ページの手順8に進む

HINT! 招待が承認される前は制限が適用されない

招待メールに本人が承諾しないと、ファミリグループの対象となる「家族のメンバー」として登録されません。承諾するまでの間は、機能が制限されない［標準ユーザー］として登録されます。

HINT! アカウントを使い分けよう

自宅のパソコンを使うときは、保護者が作成した子ども用のアカウントと学校で配布されたアカウントの2つのアカウントを使い分ける必要があります。普段、子どもがWindows 10にサインインするときは、ここで保護者が作成した子ども用（家族用）のアカウントを使います。一方、Windows 10にサインイン後、遠隔授業などで子どもがTeams for Educationを利用するときは、学校で配布された生徒用のアカウントを使ってサインインします。

間違った場合は？

手順2で間違ったメールアドレスを指定すると、登録用の招待が相手に届きません。もう一度、手順をやり直して、正しいメールアドレスを登録し直しましょう。

付録

保護者がメンバーを追加する場合

5 [あなたのファミリー] 画面を表示する

手順1の画面を表示しておく

1 [オンラインで家族の設定を管理] をクリック

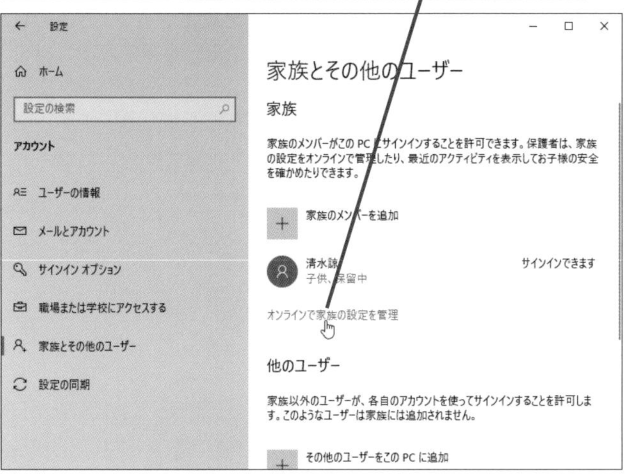

6 招待を受け入れるメンバーを選択する

[あなたのファミリー] 画面が表示された

手順1 ～ 4で招待したメンバーがここに表示される

1 [今すぐ受け入れる] をクリック

HINT!

基本は招待メールから本人が参加する

ファミリグループへの参加は、基本的に本人（子ども）が招待メールから自分で参加します。招待メールから本人に参加してもらう場合は174ページの手順8に進んでください。ただし、子どもの年齢が低い場合、自分で参加することはできないので、手順5から手順7の操作を参考に、保護者が子どものアカウントを使ってサインインしてファミリーメンバーに追加します。登録が完了したら176ページの手順11に進みましょう。

HINT!

招待メールが届かないときは

新しくMicrosoftアカウントを取得した場合などは、招待メールが届くまでに時間がかかることがあります。すぐに届かないこともあるので、しばらく待ってから確認するといいでしょう。

付録

次のページに続く

7 招待を受け入れる

子どものMicrosoftアカウントでサインインする

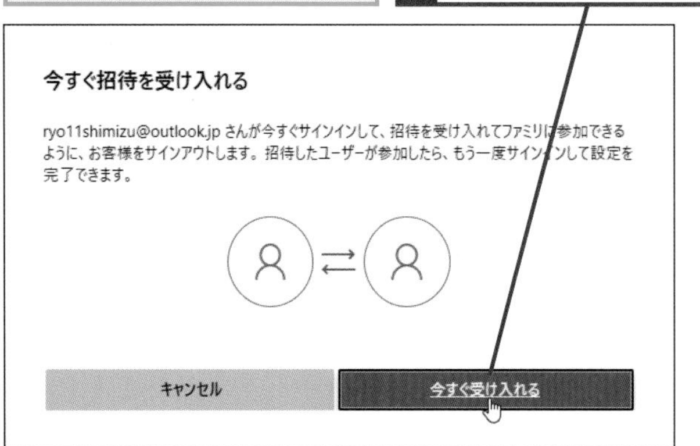

1 [今すぐ受け入れる] をクリック

子どものMicrosoftアカウントのパスワードを入力する

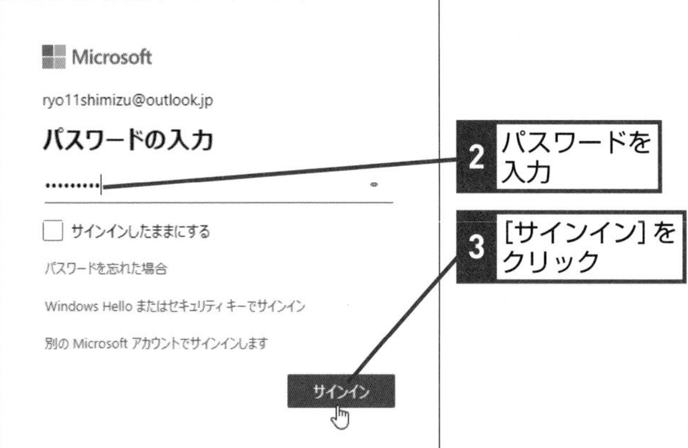

2 パスワードを入力

3 [サインイン] をクリック

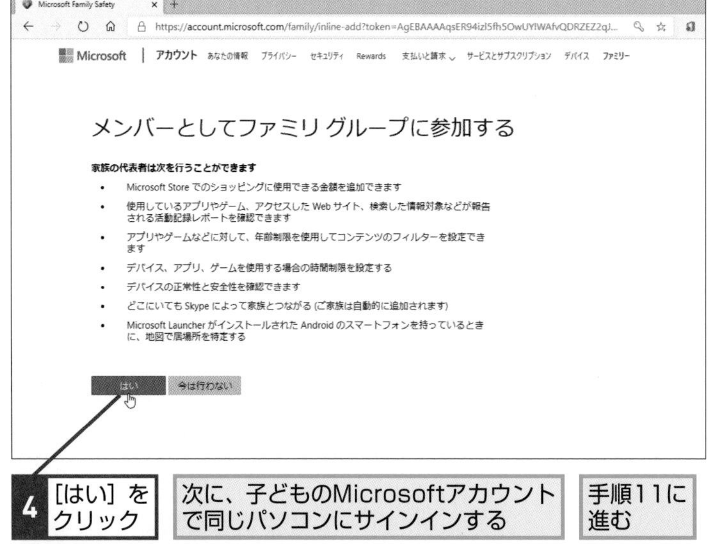

4 [はい] をクリック

次に、子どものMicrosoftアカウントで同じパソコンにサインインする

手順11に進む

HINT! どのパソコンで設定すればいいの？

家族で1台のパソコンを共有している場合は、そのパソコンに保護者のアカウントでサインインしてファミリグループを設定しましょう。もしも、子どもに自分専用のパソコンを与える場合、子どものパソコンで招待を受け入れる設定が必要です。手順5以降の操作は子どものパソコンで実行しましょう。

HINT! 招待が承認される前は制限が適用されない

招待メールに本人が承諾しないと、ファミリグループの対象となる「ファミリーメンバー」として登録されません。それまでの間は、制限が適用されないので注意しましょう。

間違った場合は？

手順7で子どものMicrosoftアカウントのパスワードがわからないと、Webページからファミリーメンバーに追加することはできません。175ページからの手順を参考にメールから本人に承諾してもらいましょう。

付録

本人がメンバーを承諾する場合

8 送信された招待を承諾する

ここからは招待を送信された子ども側の操作を解説する

子どものMicrosoftアカウントでパソコンにサインインしておく

Outlook.comをWebブラウザーで表示しておく

子どものMicrosoftアカウントでOutlook.comにサインインしておく

1 招待メールをクリックして表示

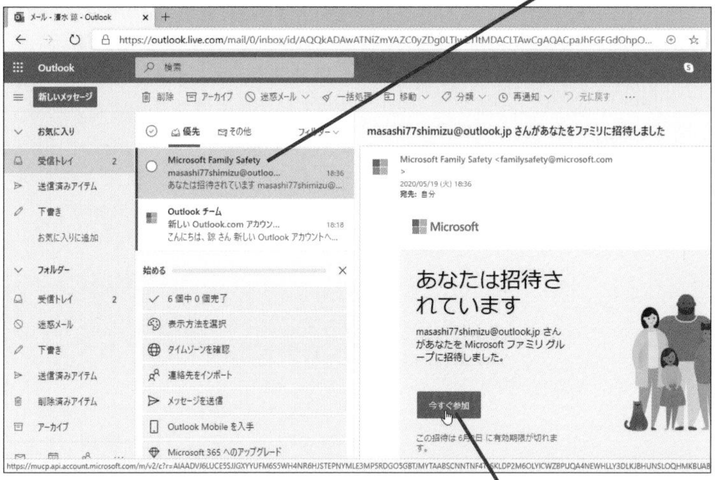

2 [今すぐ参加]をクリック

9 ファミリーに参加する

自動的にMicrosoft Edgeが起動し、ファミリーへの参加画面が表示された

1 [ファミリに参加]をクリック

HINT!

家族以外のユーザーを追加するには

会社で1台のパソコンを共有する場合など、家族以外のユーザーを追加したいときは、手順1で［その他のユーザーをこのPCに追加］をクリックしてユーザーを追加します。なお、家族であっても、ファミリグループの制限をする必要がない場合は、［その他のユーザーをこのPCに追加］で家族を追加してもかまいません。

［家族とその他のユーザー］の画面を表示しておく

1 ［その他のユーザーをこのPCに追加］をクリック

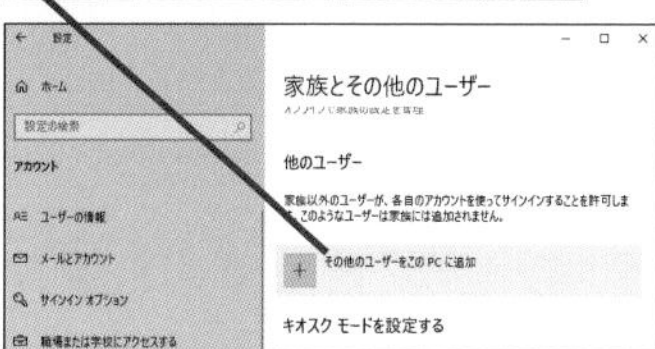

2 追加するユーザーのMicrosoftアカウントを入力

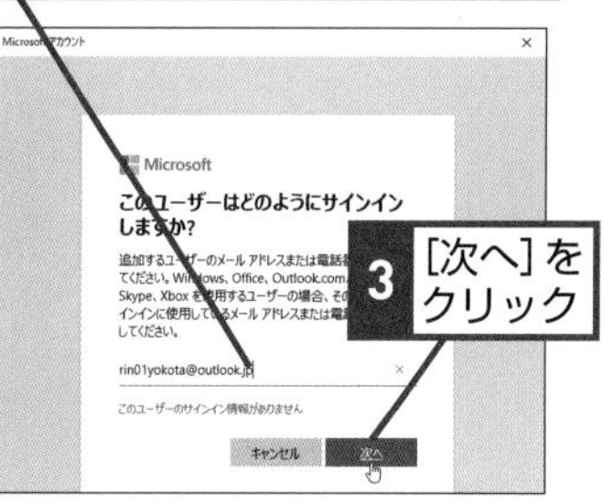

3 ［次へ］をクリック

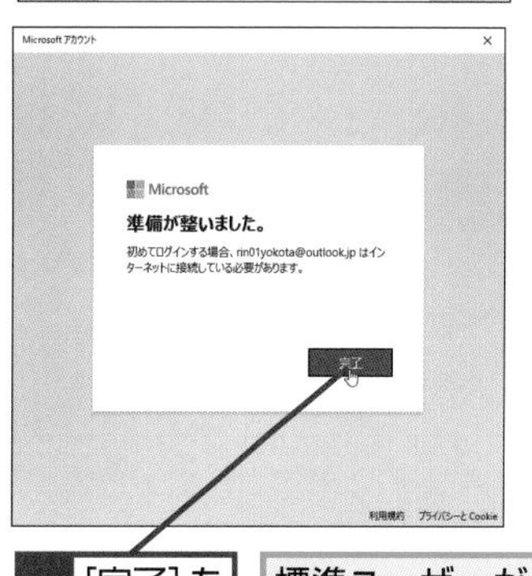

4 ［完了］をクリック

標準ユーザーが追加される

次のページに続く

付録

10 ファミリーに参加した

ファミリーの一覧が表示された

1 ファミリーに参加したことを確認

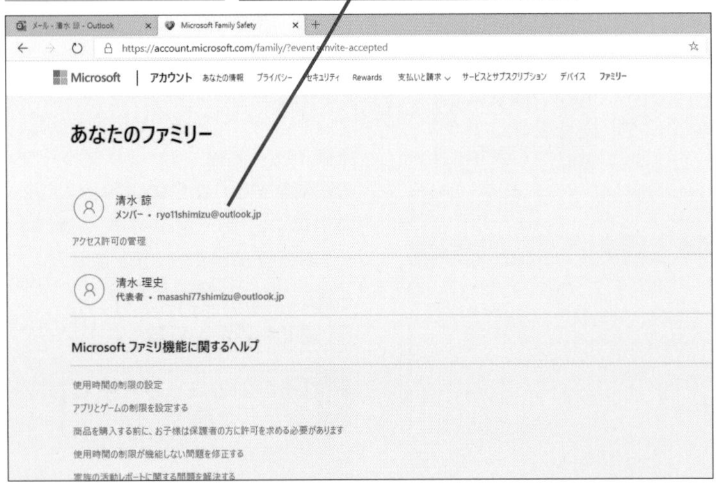

家族のアカウントの管理

11 ファミリグループの設定画面を表示する

ここからは招待を承諾された親側の操作を解説する

親のMicrosoftアカウントでパソコンにサインインしておく

［家族とその他のユーザー］の画面を表示しておく

1 ［オンラインで家族の設定を管理］をクリック

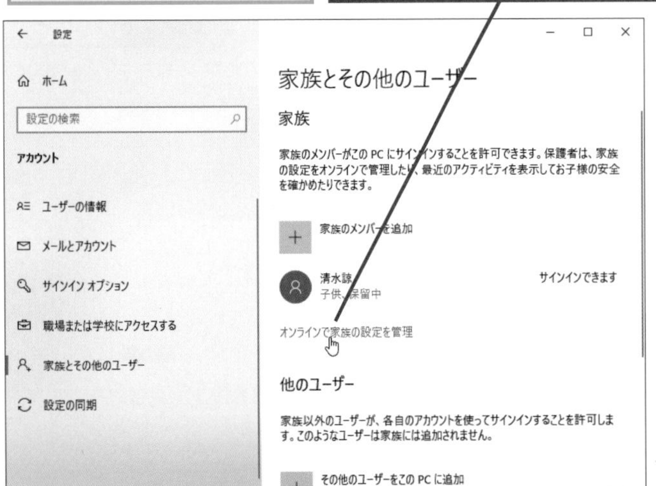

HINT! アカウントの種類はどう違うの？

Windows 10では、権限に応じてアカウントの種類が複数用意されています。パソコンの設定をすべて変更できる全権限を持った［管理者］、ユーザーの追加など重要な設定ができない［標準ユーザー］、さらにWindows 10 Proでは特定のアプリしか使えない［割り当てられたアクセスで使うアカウント］があります。ファミリグループを利用する場合は、これらの権限とは別に、さらに制限する側の［代表者］、制限される側の［メンバー］に分けられます。

HINT! アカウントの種類を変更するには

アカウントの種類は、後から変更できます。以下のように、変更したいアカウントを選択後、［アカウントの種類の変更］ボタンをクリックし、［管理者］と［標準ユーザー］を切り替えます。

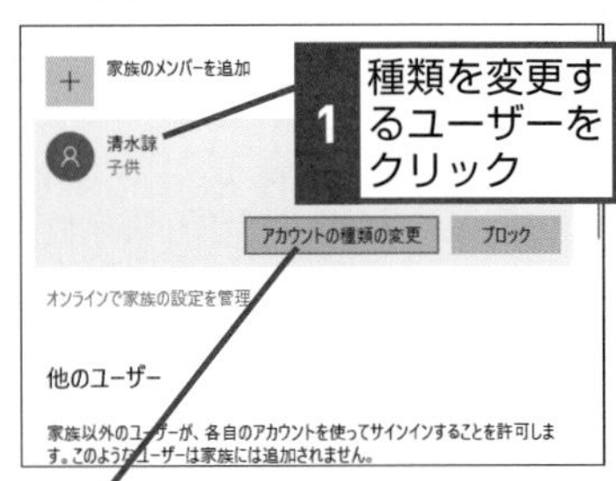

1 種類を変更するユーザーをクリック

2 ［アカウントの種類の変更］をクリック

3 ここをクリックして［管理者］を選択

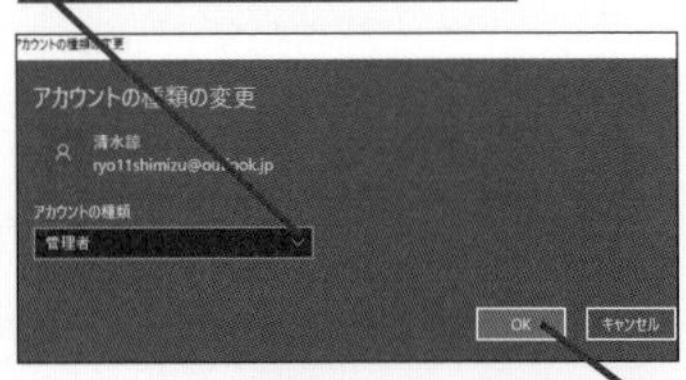

4 ［OK］をクリック

付録

12 [使用時間] のページを表示する

[あなたのファミリー] 画面が表示された

ここではパソコンを利用できる時間帯を設定する

1 [使用時間]をクリック

13 利用時間の設定を確認する

[簡単な使用時間] 画面が表示された

1 [すべてのデバイスに1つのスケジュールを使用する]のここをクリックしてオンにする

HINT! どんな設定ができるの？

ファミリグループでは、表示したWebページや使ったアプリなどのパソコンの利用状況を監視できるほか、成人向けWebページの禁止などWebの閲覧を制限したり、利用できるアプリやゲームの制限、パソコンを使う時間を制限することができます。子どもの年齢や使い方を考慮して、どの機能を有効にするのかを決めましょう。

●ファミリグループの設定

設定項目	設定内容
最近のアクティビティ	アクセスしたWebページのアドレスや日時、パソコンの利用時間、ダウンロードしたファイルなどの情報を表示する
Webの閲覧	アクセスできるWebサイトをレベルによって制限する
アプリ、ゲームとメディア	対象年齢に応じて、利用できるゲームや映画を制限できる
使用時間	1日に利用できる時間の上限や利用可能な時間帯を制限する
購入と支払い	ゲームやアプリの購入に使える限度額を設定し、必要な分だけ保護者が入金できる

HINT! 制限を解除するには

ファミリグループの制限を解除するには、手順9の画面で、お子様として登録されているユーザーの［削除］をクリックします。これで、ファミリグループの対象からはずれ、制限なくパソコンを使えるようになります。

間違った場合は？

手順9で子どものアカウントが表示されないときは、子どもが招待を承諾していない可能性があります。子どものアカウントを参照して手順5～7の操作が済んでいるかを確認しましょう。

次のページに続く

14 利用時間の設定ページが表示された

曜日ごとにパソコンの使用開始時刻と終了時刻を設定できる

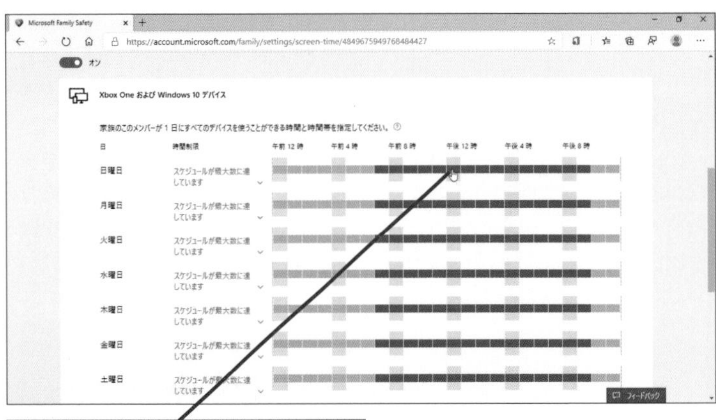

1 変更したい曜日の青いタイルをクリック

時間を指定して［追加］をクリックすると、使用できる時間帯を追加できる

［削除］をクリックすると、元から設定されていた時間帯を削除できる

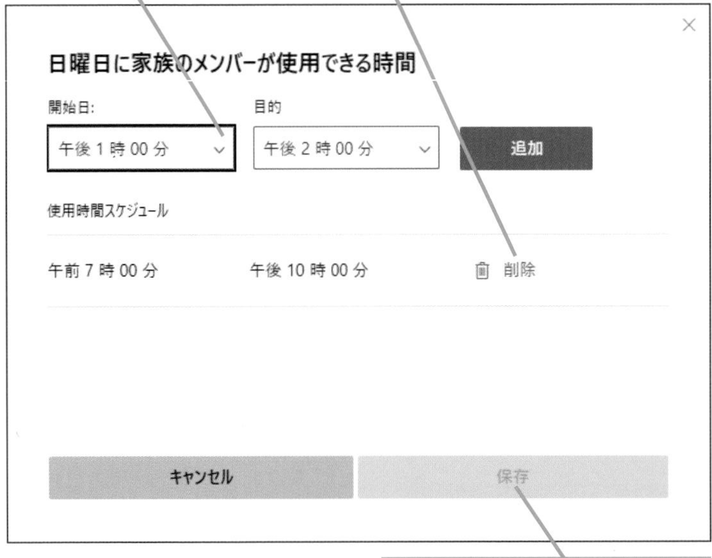

時間帯を指定したら、［保存］をクリックしておく

HINT! 子どもがパソコンを使うときに気を付けたいことは？

ファミリグループでは、いろいろな設定ができますが、最低限設定しておきたいのは［Webの閲覧］です。成人向けコンテンツそのものを防ぐのはもちろんですが、成人向けコンテンツを装ったフィッシング詐欺やウイルスの感染を防ぐこともできます。使用時間やアプリの制限などは、活動レポートを参照しながら、徐々に決めたり、子どもと話し合いをして決めるといいでしょう。

HINT! 子どもからのリクエストもある

Webページの閲覧を制限すると、子どもは特定のWebページにアクセスできません。しかし、レポートの作成などで特定のWebページにアクセスする必要がある場合は、その閲覧を保護者にリクエストすることができます。子どもからのリクエストはメールで届くので、内容を確認し、問題ない場合はリモートからの操作で閲覧を許可できます。

HINT! 子どもにも安心してパソコンを使わせることができる

子どもにとって、パソコンやインターネットは、好奇心をくすぐる刺激的な環境です。しかし、なかには刺激が強すぎるコンテンツがあったり、時間を忘れて夢中になってしまう可能性があります。こういったコンテンツに触れないように子どもを保護したり、使いすぎないように制限することは保護者の責任です。Windows 10には、ファミリグループという無料で使える機能が搭載されているので、これを活用して子どもでも安全にパソコンを使えるようにしておきましょう。

用語集

CPU（シーピーユー）
Central Processing Unitの略。コンピューターでさまざまな処理を行う際に中心的な役割を担う処理装置のことを指す。

DX（ディーエックス）
デジタルトランスフォーメーションのこと。デジタル技術を活用することで、企業変革を推進し、新たな価値の創造を達成すること。ビジネスモデルや組織を変えるための手段としてIT技術を活用する考え方を示したもの。

Forms（フォームズ）
Microsoftが提供するアンケート作成ツール。簡単な質問を作成し、回答を集計することができる。クラウドサービスとして提供される。
→クラウドサービス

Formsを使うとアンケートや小テストを作成できる

GIGAスクール構想（ギガスクールコウソウ）
ICT教育を実現するための政府の取り組みのひとつ。生徒1人に1台のコンピューターとネットワーク環境を整備することで、多様な環境にある子どもたちを誰一人取り残すことなく公正に個別最適化された学びを実現する構想。

Google Chrome（グーグルクローム）
Googleが開発したWebブラウザーの名称。インターネットのWebページを表示したり、TeamsなどのWebサービスを利用するために利用できる。

InPrivate（インプライベート）
Webブラウザーに搭載されているプライバシー保護機能のひとつ。Webサイトの閲覧履歴や入力したIDなどを記録しないことで、プライバシー情報を保護できる。

Insights（インサイツ）
Teamsの利用状況を集計、分析できる機能。課題の提出やクラスの会話への参加など、生徒の活動をグラフなどで表示できる。
→課題

Microsoft 365 Education（マイクロソフトサンロクゴエデュケーション）
Microsoftが提供するクラウドサービス。教育機関向けに最適化されたサービスで、OfficeやSharePointなどのサービスに加え、教育現場向けにカスタマイズされたTeams for Educationを利用できる。
→クラウドサービス

Microsoft Edge（マイクロソフトエッジ）
Internet Explorerの後継として開発された新しいWebブラウザー。Windows 10の標準ブラウザーとして設定されている。最新版ではオープンソースのレンダリングエンジン「Chromium」を採用している。

Microsoftアカウント（マイクロソフトアカウント）
マイクロソフトがインターネット上で提供している各種サービスを利用するためのアカウント。Webメールの「Outlook.com」やオンラインストレージの「OneDrive」などを利用できる。Windows 10にサインインするためのアカウントとして設定すると、上記サービスをOSの機能として利用可能になる。
→OneDrive、OS

Officeアプリ（オフィスアプリ）
Microsoftが提供するビジネス向けアプリケーションの総称。文書を作成のためのWord、表やグラフを作成するためのExcel、プレゼンテーションを作成のためのPowerPointなどがある。

OneDrive（ワンドライブ）
マイクロソフトが提供するクラウドストレージサービス。インターネット上のサーバーにファイルを保存したり、保存したファイルをほかの人と共有できる。またはこのサービスを利用するためのアプリ。

OS（オーエス）
Operating Systemの略。画面表示やキー入力、ファイル管理など、コンピューターの基本的な動作を提供するソフトウェア。WindowsもOSの一種。

PDF（ピーディーエフ）
Portable Document Formatの略。Adobeが開発した電子文書フォーマット。どの端末でも同じレイアウトで紙面を表示できる汎用的な形式として広く普及している。

Teamsアプリ（チームズアプリ）
パソコンやスマートフォンにインストールして利用するTeams用のソフトウェアのこと。ブラウザー版に比べてより高度な機能が利用できる。

USBケーブル（ユーエスビーケーブル）
パソコンと周辺機器を接続するためのケーブルの一種。USB（Universal Serial Bus）という規格に準拠している。Webカメラなどを接続するときに利用する。
→Webカメラ

Webカメラ（ウェブカメラ）
パソコンに接続することで、映像を取り込むことができる周辺機器のこと。ビデオ会議などで自分の映像を撮影するために利用する。
→ビデオ会議

Webカメラを使用するとオンライン授業の自由度が上がる

Wi-Fi（ワイファイ）
電波を使ってデータをやり取りする通信方式のひとつ。本来は機器の相互接続を認定する際に発行される登録商標だが、IEEE802.11規格を利用する無線LAN機器そのものを指す通称として一般的に使われている。

Windowsアプリ（ウィンドウズアプリ）
Windowsがインストールされたパソコン向けに開発されたソフトウェアのこと。

アウトカメラ
パソコンに搭載されたカメラデバイスの一種。ディスプレイの反対側に配置されており、画面を見ながら、外部の風景などを撮影できるようになっている。

アカウント
コンピューターやサービスを利用するための権利、もしくはその権利を所有しているかどうかを確認するときに使われる認証情報のこと。ID（メールアドレスなど）とパスワードの組み合わせで使われるのが一般的。

アクティビティ
Teamsの利用状況を分析するInsightsで提供されている分析項目のひとつ。生徒のアクセス状況や利用時間などを確認できる。
→Insights

インカメラ
パソコンに搭載されたカメラデバイスの一種。ディスプレイの上部などに配置されており、画面を見ながら、自分を撮影できるようになっている。

エンゲージメント
Teamsの利用状況を分析するInsightsで提供されている分析機能。アクセス数や新しい投稿など、生徒の活動状況を数値化した指標のこと。

オンライン授業
ネットワークを介して映像や音声をやり取りしながら実施される授業のこと。インターネットにつながっていれば参加できるため、物理的な場所の制約を受けずに授業を実施できる。

会議
映像と音声を使って、複数人で双方向のコミュニケーションができるビデオ通話機能のこと。Teamsでは、一般的なビデオ通話やビデオ会議を「会議」という機能名で呼ぶ。
→ビデオ会議

会議の終了
Teamsの機能のひとつ。Teamsから開始した会議（ビデオ会議）を終了するための機能。
→会議、ビデオ会議

課題
教育機関向けのTeams for Educationに搭載されている機能のひとつ。テーマや方法、期限などを定めた制作物の提出を要求し、その提出状況などを管理できる。

管理者
システムの設定や維持のための確認などの役割を担う人物のこと。ユーザーを追加したり、セキュリティ設定などを実施したりする。

クイズ
教育機関向けのTeams for Educationに搭載されている機能のひとつ。授業の理解度を確認するための簡易的なテストを実施し、採点やフィードバックをしたり、成績として管理したりできる。

クラウドサービス
パソコン上のソフトウェアやハードウェアで実現していた機能をインターネット経由で利用できるようにしたり、そのしくみを利用して、これまでになかった新しい機能を提供すること。クラウドとも呼ばれる。

クラスノートブック
教育機関向けに提供されているOneNoteの機能のひとつ。クラス（Teamsのチーム）ごとに用意され、先生と生徒が共同で情報を閲覧したり、編集したりできる。また、生徒ごとの個別の作業用ノートも用意される。
→OneNote

クラスの資料
教育機関向けのTeams for Educationで提供されるファイル共有機能のひとつ。チームごとに［ファイル］タブに自動的に作成されるフォルダーで、先生のみがファイルを編集でき、生徒は参照のみに操作が制限される。
→タブ

グループワーク
与えられたテーマについて数人のメンバーで意見を交換したり、共同で意見をまとめたりする作業形態のこと。

コンテンツを共有
Teamsの会議（ビデオ会議）を実施する際に、PowerPointやブラウザーなどのアプリの映像をメンバー全員に表示する機能のこと。
→会議、ビデオ会議

コンバーチブル型
パソコンの形態の一種。液晶画面を360度開いて2つ折りにし、タブレットのように利用できるタイプのこと。
→タブレット

サーバー
利用者のリクエストに応じて機能を提供するコンピューターシステムのこと。計算や保管などの処理をする役割（サーバー）と、それを利用する役割（クライアント）を分けた分散コンピューティング技術の構成要素のひとつ。

サインアウト
開いているウィンドウや起動中のアプリを終了させ、Windows 10やアプリ、サービスの利用を終了する操作のこと。Windows 10では、サインアウトすることでパソコンの電源を切ったり、Windows自体を終了させることなく、ユーザーの操作環境だけを終了できる。

サインイン
ユーザー名やパスワードを指定して、ソフトウェアやサービスの利用を開始すること。ログインと呼ぶこともある。Windows 10は起動時にサインインすることで、自分用の設定で利用を開始できる。

集合モード
Teamsの会議の映像表示方法のひとつ。ビデオ会議に参加しているそれぞれのメンバーの映像を一画面にまとめて表示できる。教室で席に座って先生を見ているときのように、生徒が一画面内に並んで表示される。
→会議、ビデオ会議

［集合モード］を使うと教卓から生徒を見ているような形で表示できる

スタートメニュー
Windows 10でアプリを起動するときに利用する画面のこと。デスクトップ左下の［スタート］ボタンをクリックすることで表示できる。アプリや設定、フォルダーの一覧に加え、よく使うアプリがタイル状に並んだスタート画面が一体化されている。

ストア
アプリケーションをダウンロード/インストールする際に利用するプラットフォームを指す汎用的な名称。Windowsストア、Google Play、AppStoreなど、OSごとにさまざまなストアサービスが提供されている。
→OS

スポットライト
Teamsの会議で、特定の人物の映像を固定表示するための機能のこと。スポットライトに設定された参加者の映像を全参加者の画面に強制的に表示できる。
→会議

セクション
OneNoteの機能のひとつ。情報を分類するために利用する。ノートを複数のセクションで情報ごとに分類できる。なお、実際の情報はセクションの中に配置されているページに記述する。
→OneNote

退出
Teamsの会議から切断すること。自分のみが切断され、会議そのものは継続される。
→会議

タスクバー
デスクトップの一番下に表示される棒状の領域。アプリの起動や切り替え、サムネイル表示による内容確認や、ウィンドウの切り替えに利用する。

タッチパネル
指やペン型のデバイスで触れることで、情報を入力することができるディスプレイ装置のこと。画面を操作したり、文字を入力したりできる。

タブ
Teamsの機能のひとつ。画面上部に配置された出っ張った形状のラベルパーツで、各ラベルごとにアプリを配置することで、切り替えながらいろいろな情報を扱うことができる。

タブレット
板状の形をしたコンピュータ機器のこと。キーボードを備えず、指やペン型のデバイスで画面に触れるタッチ操作で利用する。

チーム
Teamsで複数のユーザーをひとまとめに管理するための単位。教育機関向けのTeams for Educationでは、クラスや科目単位で作成する。

チャット
文字を使ったコミュニケーション手段のひとつ。メッセージを投稿し、それを他のユーザーが閲覧し、必要に応じて返信を送信できる。
→メッセージ

チャネル
Teamsで情報をひとまとめに管理するための単位。チームの中に話題ごとに作成することで、テーマごとに情報を分類できる。教育機関向けのTeams for Educationでは、単元やグループワークなどの作業目的ごとに作成する。
→グループワーク、チーム

デタッチャブル型
パソコンの形態の一種。キーボードを本体から外して、タブレットのように利用できるタイプのこと。
→タブレット

テレワーク
ICT技術を活用することで、場所の制約を受けずに仕事ができる勤務形態のこと。オフィスに出社せず、自宅などからでも普段と同様の仕事ができる環境のこと。

手を挙げる
Teamsの機能のひとつ。ビデオ会議中に発言を求めるときに利用する。手を挙げると、そのことがほかの参加者に通知される。
→ビデオ会議

認定教育機関
Teams for Educationなど、特定のサービスを利用するための条件を満たしている教育機関のこと。

背景フィルター
Teamsの機能のひとつ。ビデオ会議の際に、他のユーザーに表示される自分の背景映像を合成技術を使って別の画面に差し換える機能。
→ビデオ会議

ビデオ会議
映像と音声を使って、複数人で双方向のコミュニケーションができるビデオ通話機能のこと。

ピン留め
Teamsの機能のひとつ。ビデオ会議中に特定の参加者の映像を大きく固定表示する機能。スポットライトと異なり、参加者それぞれが個別に自分で設定できる。
→ビデオ会議

ファミリグループ
Microsoftが提供する家族向けの保護機能のこと。子どもの利用時間を設定したり、子どもの閲覧にふさわしくないサイトをブロックしたりできる。

プライバシー
趣味嗜好や行動など、個人的な情報が第三者に公開されないように保護するための権利のこと。

ブレークアウトルーム
Teamsの機能のひとつ。ビデオ会議の開催中に、参加メンバーを分割し、分割後のメンバーで別のビデオ会議を開催できる機能。グループワークの際に、最初に全体でビデオ会議を開催し、そこからグループごとに分けて個別にビデオ会議を開催することなどができる。
→グループワーク、ビデオ会議

プロフィールアイコン
Teams上でユーザーを表す画像のこと。チャットの発言者として表示されたり、ビデオ会議の参加者として表示されたりする。標準ではイニシャルが設定されるが、好みの画像に変更できる。
→ビデオ会議

ページ
OneNoteで情報を入力するための画面のこと。セクションの中に情報の種類ごとに複数のページを配置できる。
→OneNote

ヘッドセット
頭部に装着する音響装置のこと。音声を聞くためのスピーカーと、話した声を伝えるためのマイクが一体化されている。

ペン入力
ペン型の入力デバイスを使って、画面に触れることでアプリを操作したり、画面上をなぞることで文字などの情報を入力すること。

ホワイトボード
タッチ操作やペン入力によって、文字やイラストを描くことができるアプリケーション。Teamsのビデオ会議でコンテンツを共有することで、オンライン授業時に黒板のように使える。
→オンライン授業、コンテンツを共有、ビデオ会議

[ホワイトボード] はオンライン授業中に黒板の代わりとして使える

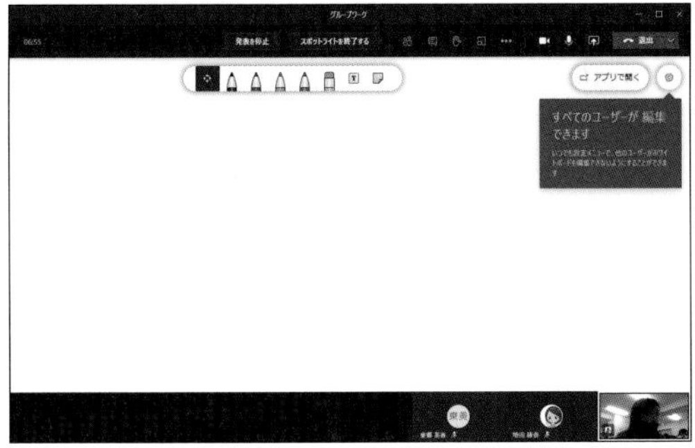

ミュート
音響デバイスを無音に切り替えること。マイクをミュートにすると音声が入力されなくなり、スピーカーをミュートにすると音声が出力されなくなる。

メッセージ
Teamsのチャットに投稿された文章のこと。
→チャット

メモリ
コンピューターを構成する部品のひとつ。処理するデジタルデータを一時的に保持するために利用する記憶装置。

メンション
Teamsで特定の相手に読んで欲しいメッセージを投稿するときに利用する機能。「@」でユーザーを指定することで、指定した相手に通知が送られる。
→メッセージ

メンバー
Teamsのチームやチャネルに登録されているユーザーのこと。そのチームやチャネルにアクセスする権利を持っている。
→チーム、チャネル

モデレーション
Teamsのチャネルが目的に合った状態で運営されるように参加者を導くための管理機能。モデレーションをオンにすると、モデレーターに設定されたユーザーだけが新しい投稿を開始できる。
→チャネル、モデレーター

モデレーター
チャネルを管理するための一部の機能を持ったユーザーのこと。モデレーションをオンにした際に、チャネルに新しい投稿ができるユーザーとなる。
→チャネル、モデレーション

予定表
Teamsに搭載されているスケジュール管理機能のこと。カレンダー形式で日付を確認したり、会議や課題の期限などの予定を管理できる。
→会議、課題

ラージギャラリー
Teamsの会議の映像表示方法のひとつ。7×7で最大49人までの映像を一画面に表示できる。
→会議

ルーブリック
生徒の学習到達状況を評価するための評価基準のこと。縦軸に評価する項目と達成度（配点）を横軸に配置した表形式で、評価基準を明確に定めることで、達成度を測る。

レコーディング
Teamsの機能のひとつ。ビデオ会議の映像や音声を記録し、後で見直せるようにする機能。
→ビデオ会議

索　引

アルファベット

サ

タ

ナ

ハ

マ

ヤ

ラ

本書を読み終えた方へ
できる®シリーズのご案内

※1：当社調べ　※2：大手書店チェーン調べ

Windows・Office 関連書籍

できるWindows 10
2021年 改訂6版　特別版小冊子付き

法林岳之・一ヶ谷兼乃・清水理史＆
できるシリーズ編集部
定価：1,100円
（本体1,000円＋税10%）

最新Windows 10の使い方がよく分かる！ 流行のZoomの操作を学べる小冊子付き。無料電話サポート対応なので、分からない操作があっても安心。

できるWindows10 パーフェクトブック
困った！＆便利ワザ大全 2021年 改訂6版

広野忠敏＆
できるシリーズ編集部
定価：1,628円
（本体1,480円＋税10%）

全方位で使えるWindows 10の便利ワザが満載！ 最新OSの便利機能や新型Edgeの使いこなし、ビデオ会議のコツがよく分かる。

できるWord 2019
Office 2019/Office 365両対応

田中 亘＆
できるシリーズ編集部
定価：1,298円
（本体1,180円＋税10%）

文字を中心とした文書はもちろん、表や写真を使った文書の作り方も丁寧に解説。はがき印刷にも対応しています。翻訳機能など最新機能も解説！

できるExcel 2019
Office 2019/Office 365両対応

小舘由典＆
できるシリーズ編集部
定価：1,298円
（本体1,180円＋税10%）

Excelの基本を丁寧に解説。よく使う数式や関数はもちろん、グラフやテーブルなども解説。知っておきたい一通りの使い方が効率よく分かる。

できるWord&Excel 2019
Office 2019/Office 365両対応

田中 亘・小舘由典＆
できるシリーズ編集部
定価：2,178円
（本体1,980円＋税10%）

「文書作成」と「表計算」の基本を1冊に集約！ Excelで作った表をWordで作った文書に貼り付けるなど、2つのアプリを連携して使う方法も解説。

できるPowerPoint 2019
Office 2019/Office 365両対応

井上香緒里＆
できるシリーズ編集部
定価：1,298円
（本体1,180円＋税10%）

見やすい資料の作り方と伝わるプレゼンの手法が身に付く、PowerPoint入門書の決定版！　PowerPoint 2019の最新機能も詳説。

テレワーク関連書籍

できるテレワーク入門
在宅勤務の基本が身に付く本

法林岳之・清水理史＆
できるシリーズ編集部
定価：1,738円
（本体1,580円＋税10%）

チャットやビデオ会議、クラウドストレージの活用や共同編集などの基礎知識が満載！　テレワークをすぐにスタートできる。

できるZoom
ビデオ会議が使いこなせる本

法林岳之・清水理史＆
できるシリーズ編集部
定価：1,738円
（本体1,580円＋税10%）

事前設定やビデオ会議の始め方、ホワイトボードの活用など、Zoomを仕事に生かすための知識を幅広く解説。初めてでもビデオ会議を実践できる！

読者アンケートにご協力ください！

https://book.impress.co.jp/books/1120101048

このたびは「できるシリーズ」をご購入いただき、ありがとうございます。
本書はWebサイトにおいて皆さまのご意見・ご感想を承っております。
気になったことやお気に召さなかった点、役に立った点など、
皆さまからのご意見・ご感想をお聞かせいただき、
今後の商品企画・制作に生かしていきたいと考えています。
お手数ですが以下の方法で読者アンケートにご回答ください。
ご協力いただいた方には抽選で毎月プレゼントをお送りします！

※プレゼントの内容については、「CLUB Impress」のWebサイト（https://book.impress.co.jp/）をご確認ください。

1 URLを入力して Enter キーを押す

2 ［アンケートに答える］をクリック

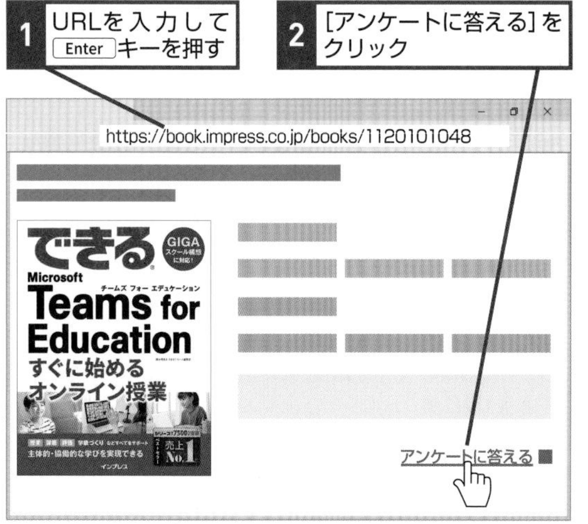

※Webサイトのデザインやレイアウトは変更になる場合があります。

◆会員登録がお済みの方
会員IDと会員パスワードを入力して、［ログインする］をクリックする

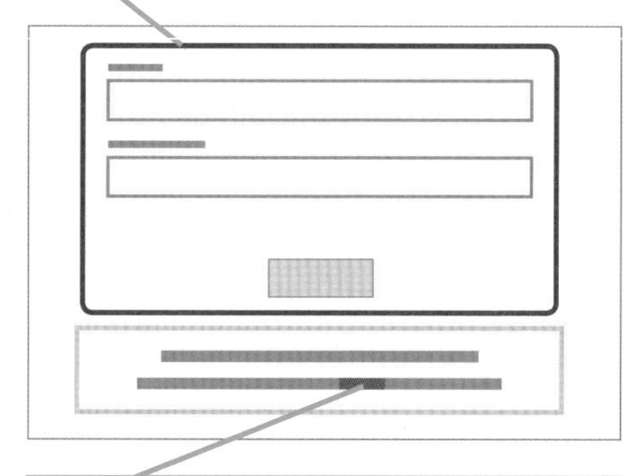

◆会員登録をされていない方
［こちら］をクリックして会員規約に同意してからメールアドレスや希望のパスワードを入力し、登録確認メールのURLをクリックする

本書のご感想をぜひお寄せください　https://book.impress.co.jp/books/1120101048

「アンケートに答える」をクリックしてアンケートにご協力ください。アンケート回答者の中から、抽選で**商品券（1万円分）**や**図書カード（1,000円分）**などを毎月プレゼント。当選は賞品の発送をもって代えさせていただきます。はじめての方は、「CLUB Impress」へご登録（無料）いただく必要があります。

読者登録サービス

アンケートやレビューでプレゼントが当たる！

■著者

清水理史（しみず　まさし）shimizu@shimiz.org

1971年東京都出身のフリーライター。雑誌やWeb媒体を中心にOSやネットワーク、ブロードバンド関連の記事を数多く執筆。「INTERNET Watch」にて「イニシャルB」を連載中。主な著書に『できるWindows 10 改訂6版』『できる 超快適Windows 10 パソコン作業がグングンはかどる本』『できるはんこレス入門 PDFと電子署名の基本が身に付く本』『できるZoom ビデオ会議が使いこなせる本』『できるテレワーク入門 在宅勤務の基本が身に付く本』『できるパソコンのお引っ越し Windows 7からWindows 10に乗り換えるために読む本 令和改訂版』『できるUiPath 実践RPA』『できるポケット スッキリ解決 仕事に差がつく パソコン最速テクニック』『できるゼロからはじめるWindowsタブレット超入門 ウィンドウズ 10対応』『できるゼロからはじめるAndroidスマートフォン超入門 活用ガイドブック』『できるゼロからはじめるAndroidスマートフォン超入門 改訂3版』（インプレス）などがある。

協力　日本マイクロソフト株式会社

STAFF

シリーズロゴデザイン　山岡デザイン事務所<yamaoka@mail.yama.co.jp>
カバーデザイン　伊藤忠インタラクティブ株式会社
カバー写真　PIXTA
本文イメージイラスト　原田　香
DTP制作　町田有美・田中麻衣子

デザイン制作室　今津幸弘<imazu@impress.co.jp>
　鈴木　薫<suzu-kao@impress.co.jp>
制作担当デスク　柏倉真理子<kasiwa-m@impress.co.jp>

編集制作　株式会社リブロワークス
編集協力　Type_T　鈴谷大輔・田中　萌（第5章、第7章）、千葉大学教育学部附属小学校　小池翔太（第8章）、東京学芸大学附属国際中等教育学校　渡津光司（第8章）、滋賀県立米原高等学校　堀尾美央（第8章）

デスク　荻上　徹<ogiue@impress.co.jp>
編集長　藤原泰之<fujiwara@impress.co.jp>

■商品に関する問い合わせ先
インプレスブックスのお問い合わせフォーム
https://book.impress.co.jp/info/
上記フォームがご利用いただけない場合のメールでの問い合わせ先
info@impress.co.jp

■落丁・乱丁本などの問い合わせ先
TEL 03-6837-5016 FAX 03-6837-5023
service@impress.co.jp
受付時間 10:00～12:00 ／ 13:00～17:30
（土日・祝祭日を除く）
●古書店で購入されたものについてはお取り替えできません。

■書店／販売店の窓口
株式会社インプレス 受注センター
TEL 048-449-8040 FAX 048-449-8041

株式会社インプレス 出版営業部
TEL 03-6837-4635

できるMicrosoft Teams for Education すぐに始めるオンライン授業

2021年3月11日 初版発行
2021年8月11日 第1版第3刷発行

著 者 清水理史 & できるシリーズ編集部

発行人 小川 亨

編集人 高橋隆志

発行所 株式会社インプレス
〒101-0051 東京都千代田区神田神保町一丁目105番地
ホームページ https://book.impress.co.jp/

印刷所 図書印刷株式会社
ISBN978-4-295-01099-9 C3055

Printed in Japan